CCF优博丛书

基于泛在交互文本的
用户情境解析技术研究

Research on User Situation Analytics Based on
Ubiquitous Interaction Text

陈震鹏———著

机械工业出版社
CHINA MACHINE PRESS

在开放、动态、多变的互联网环境下，感知并理解用户情境是计算机软件应具备的重要能力。近年来，基于交互文本的用户情境解析是学术界和产业界的热点问题。

本书深入调研了基于交互文本的用户情境解析方面的研究进展，分析总结了当前研究工作存在的问题和不足。针对这些问题，提出了基于泛在交互文本的用户情境解析方法，为用户情境解析提供了新颖的研究思路和有效的技术方案。

本书适合具备相关计算机基础的研究、开发人员阅读，也可为软件工程、万维网、信息检索、自然语言处理、泛在计算、人机交互等众多领域的学者提供一定的参考和借鉴。

图书在版编目（CIP）数据

基于泛在交互文本的用户情境解析技术研究／陈震鹏著.—北京：机械工业出版社，2024.4
（CCF优博丛书）
ISBN 978-7-111-75212-7

Ⅰ.①基… Ⅱ.①陈… Ⅲ.①自然语言处理-文本模式-用户-交互技术 Ⅳ.①TP391.1

中国国家版本馆 CIP 数据核字（2024）第 043797 号

机械工业出版社（北京市百万庄大街22号 邮政编码100037）
策划编辑：韩　飞　　　　　责任编辑：韩　飞
责任校对：曹若菲　丁梦卓　封面设计：鞠　杨
责任印制：常天培
北京机工印刷厂有限公司印刷
2024年5月第1版第1次印刷
148mm×210mm・7.625印张・144千字
标准书号：ISBN 978-7-111-75212-7
定价：69.00元

电话服务　　　　　　　　　网络服务
客服电话：010-88361066　　机　工　官　网：www.cmpbook.com
　　　　　010-88379833　　机　工　官　博：weibo.com/cmp1952
　　　　　010-68326294　　金　书　网：www.golden-book.com
封底无防伪标均为盗版　　　机工教育服务网：www.cmpedu.com

CCF 优博丛书编委会

主　任　赵沁平
委　员　（按姓氏拼音排序）
　　　　陈文光　陈熙霖　胡事民
　　　　金　海　李宣东　马华东

丛 书 序

博士研究生教育是教育的最高层级,是一个国家高层次人才培养的主渠道。博士学位论文是青年学子在其人生求学阶段,经历"昨夜西风凋碧树,独上高楼,望尽天涯路"和"衣带渐宽终不悔,为伊消得人憔悴"之后的学术巅峰之作。因此,一般来说,博士学位论文都在其所研究的学术前沿点上有所创新、有所突破,为拓展人类的认知和知识边界做出了贡献。博士学位论文应该是同行学术研究者的必读文献。

为推动我国计算机领域的科技进步,激励计算机学科博士研究生潜心钻研,务实创新,解决计算机科学技术中的难点问题,表彰做出优秀成果的青年学者,培育计算机领域的顶级创新人才,中国计算机学会(CCF)于2006年决定设立"中国计算机学会优秀博士学位论文奖",每年评选出不超过10篇计算机学科优秀博士学位论文。截至2021年,已有145位青年学者获得该奖。他们走上工作岗位以后均做出了显著的科技或产业贡献,有的获国家科技大奖,有的获评国际高被引学者,有的研发出高端产品,大都成为计算机领域国内国际知名学者、一方学术带头人或有影响力的企业家。

丛书序

博士学位论文的整体质量体现了一个国家相关领域的科技发展程度和高等教育水平。为了更好地展示我国计算机学科博士研究生教育取得的成效，推广博士研究生的科研成果，加强高端学术交流，中国计算机学会于 2020 年委托机械工业出版社以"CCF 优博丛书"的形式，陆续选择自 2006 年以来的部分优秀博士学位论文全文出版，并以此庆祝中国计算机学会建会 60 周年。这是中国计算机学会又一引人瞩目的创举，也是一项令人称道的善举。

希望我国计算机领域的广大研究生向该丛书的学长作者们学习，树立献身科学的理想和信念，塑造"六经责我开生面"的精神气度，砥砺探索，锐意创新，不断摘取科学技术明珠，为国家做出重大科技贡献。

谨此为序。

中国工程院院士
2022 年 4 月 30 日

推荐序 I

我非常荣幸地向各位推荐陈震鹏博士的这本著作。这是中国计算机学会（CCF）从 2022 年度的优秀博士论文中精选出来的杰作，将会对当前互联网时代中的软件环境感知与建模领域产生广泛的影响。陈震鹏是一位杰出的青年学者，于 2021 年博士毕业于北京大学计算机科学技术系。我在当时担任该系主任一职，见证了作者在研究领域所取得的令人瞩目的成就。

在互联网时代，软件应具备感知外部环境的能力，以便灵活自适应。这一能力已经成为学术界热切关注的话题。本书的焦点是感知软件外部环境中的用户情境（即用户情境解析），帮助软件系统全面高效地感知多样的用户，从而为用户提供个性化的高质量服务。

在这本书中，作者提出了一种全新而引人入胜的概念——"泛在交互文本"，这包括了颜文字和绘文字等。这些泛在交互文本是以计算机为中介的文本沟通中的直观视觉表达方式，被世界各地的用户广泛使用。它们不仅丰富了用户的交流方式，也为软件用户情境解析提供了全新的可能性。作者将这些有趣的元素视为用户情境解析的"药引子",结合先进的机器学习技术,降低了静态用户情境解析的隐私风险,同时为动态用户情境解析提供了更有效的创新性方法。

这本书代表了当前软件环境感知与建模领域的前沿研究,同时引入了一种充满创意和趣味性的思维方式。它为解决现实世界中的软件用户情境解析问题提供了新颖的视角和方法,具有广泛的应用前景。我强烈推荐这本书给所有对软件环境感知与建模感兴趣的学者和从业人员,相信它将对您的研究和实践产生积极的影响。

最后,我衷心祝愿这本书取得成功,并期待作者未来能够继续为计算机领域的发展做出更多有趣、有用、有影响力的贡献。

胡振江
北京大学讲席教授
北京大学计算机学院院长

推荐序 II

现代软件应用系统更加强调用户的使用质量,而主动地感知并适应系统所处的情境是提升使用质量的关键。情境是软件实体所处环境的抽象,情境信息的准确解析是实现软件自适应和自演化的前提和基础,也是软件工程、泛在计算、人机交互、信息检索等多个研究领域共同关注的前沿研究方向。陈震鹏博士的这篇学位论文即为此方向上的一篇佳作。

这篇学位论文最有意思的创新在于,作者敏锐地意识到颜文字(emoticon)和绘文字(emoji)等泛在交互文本蕴含着丰富的用户情境信息。这一洞见带来软件用户情境解析方向的一次突破性探索。作者充分利用泛在交互文本的多重特性,设计了一系列创新的方法和技术。首先,作者研究了诸如用户性别等生存周期较长的静态情境的解析,从用户的泛在交互文本使用数据中提取特征,并训练出高精度的解析模型。这项技术不仅提高了解析效果,还降低了传统的基于文本的解析方法的隐私泄露风险。进而,作者还研究了用户情感状态等生存周期较短的动态情境的解析,通过利用泛在交互文本作为情感等动态用户情境的代理标签,成功解决了不同语言和领域中标签数据不足的问题，实现了很好的解析效果。

陈震鹏博士提出的基于泛在交互文本的解析方法为用户情境解析研究方向注入了新的活力，也为学术界和产业界提供了有力的工具。我期待这项工作在相关方向上产生深远影响，并诚挚地向所有对此感兴趣的读者推荐本书。

作为一位长期从事面向开放环境软件技术研究的同行，以及一位同样来自江苏南通的老乡，我谨以此序对陈震鹏博士取得突出研究成绩和获得 CCF 优秀博士学位论文奖表示热烈的祝贺。

马晓星

南京大学教授

南京大学计算机软件研究所副所长

导师序

作为陈震鹏博士的导师，我非常高兴为其博士学位论文的出版作序，并向各位读者推荐他的博士学位论文《基于泛在交互文本的用户情境解析技术研究》。这篇论文获得了"北京市优秀博士学位论文奖"，还入选了"CCF 优秀博士学位论文激励计划"。这些荣誉的获得是对其研究工作的充分肯定。

当前，人机物三元融合的泛在计算时代正在开启，在开放、动态、多变的网络平台上，理解和感知用户情境对计算机软件来说变得至关重要。用户情境涵盖了静态信息（如性别等）和动态信息（如情感等），准确地捕捉和解析用户情境对于软件服务的智能化推荐具有重要意义。学术界已经提出了多种用户情境解析途径，包括基于用户在软件内的输入文本、行为模式，甚至上传的图片等。陈震鹏的博士学位论文提出了一种新的途径——利用泛在交互文本，即被全球软件用户广泛使用的文本形式，如颜文字和绘文字等，作为一种新的"传感器"来感知用户情境。这为用户情境解析领域带来了一个全新的研究视角。

基于颜文字、绘文字等来感知用户情境的概念不仅仅是令人觉得新奇和有趣，其研究本身也蕴含着深刻的学术意义和广泛的应用潜力。随着泛在计算时代的到来，我们需要实现泛在互联、泛在感知、泛在智能等。陈震鹏的博士学位论文涉及泛在感知的前沿，他所提出的基于泛在交互文本的用户情境解析方法具有双重优势。首先，基于泛在交互文本的用户情境解析，相对于基于传统的交互文本的方法，带来的用户隐私泄露风险更低。其次，泛在交互文本被不同语言和领域的软件用户广泛使用，基于泛在交互文本的用户情境解析方法普适性更好。陈震鹏的博士学位论文介绍了三个具体的基于泛在交互文本的静态、动态用户情境解析技术，这些技术在国内外同期工作中处于领先地位，受到了国内外同行的广泛好评，并得到了媒体的广泛报道。其中一项工作还获得了计算机领域知名学术会议——国际万维网大会（WWW 2019）的"最佳论文奖"，这是中国学术研究成果在该会历史上首次获此殊荣。

总之，陈震鹏的博士学位论文以计算机软件领域的一个重要问题——用户情境解析为核心，进行了深入的研究。他在系统梳理、总结现有研究进展的基础上，提出了基于泛在交互文本的全新方法，这一方法为用户情境解析和智能化软件服务推荐提供了一种新的途径。这项研究工作不仅具有重要的理论价值，还具有广泛的实际应用前景。

我也想借此序强调创新的重要性。陈震鹏博士的博士学位论文是一个体现创新精神的好例子。他没有拘泥于传统的解决问题的思路，而是打开思维，探索了一种全新的技术路径，也因此做出了有影响力的成绩。我以为，所有的科研工作者都应该勇于挑战传统、质疑权威，积极探索创新路径，唯此，才能推动科学和技术不断迈向新的高度。

我相信这篇论文可为信息技术从业人员和科研人员提供有价值的参考，深化他们对软件用户情境解析和泛在计算的理解，同时也会吸引更多的研究者投身相关领域，推动我国在这一领域取得更多有影响力的成果。

北京大学教授

高可信软件技术教育部重点实验室（北京大学）主任

中国计算机学会理事长

摘 要

在开放、动态、多变的互联网环境下,软件需要能感知其外部环境的变化,并据此调整自身行为,以持续提供满足甚至超出用户期望的服务。因此,软件外部环境的建模、处理等一直以来得到学术界的广泛重视。学术界将软件的外部环境抽象为软件的上下文,具体而言,包括计算上下文、物理上下文、时间上下文、用户上下文等。随着软件用户群体的不断扩大,现代软件大多具有用户需求多样化的特点,导致用户上下文日益得到重视。具体而言,高质量的软件需要全面高效地感知其服务的用户,通过对用户上下文信息的加工和处理,提供满足不同用户的个性化服务。

研究者以"用户情境(user situation)"来涵盖各类用户上下文信息,具体而言,包含年龄、性别等生存周期较长的静态用户情境,以及喜好、情感状态等生存周期较短的动态用户情境。相应地,感知用户情境的过程被称为用户情境解析,包括感知静态用户情境(即静态用户情境解析)和感知动态用户情境(即动态用户情境解析)。

文本输入是用户与软件最重要的交互形式之一,基于交互文本(即用户输入文本)的用户情境解析是学术界的研究热点。但是，现有基于交互文本的方法存在一定的问题。一方面，现有基于交互文本的静态用户情境解析方法存在较大的隐私风险。具体而言，性别、年龄等静态用户情境通常难以通过用户交互所产生的少量文本解析得出，服务提供商往往收集用户在长时间内产生的大量交互文本进行解析，以提高解析效果。这种对大量交互文本进行存储和处理的做法，增加了访问和泄露用户隐私的风险。另一方面，现有基于交互文本的动态用户情境解析方法主要针对英语和社交媒体领域，导致在其他语言和其他领域人工标签数据不足，解析效果不佳。为了解决这一问题，直观的做法是为每种语言、每种领域都人工标注大量的数据。但是，人工标注耗时耗力，可行性较低。

　　针对上述问题，本书提出了基于泛在交互文本的用户情境解析方法。泛在交互文本是以计算机为中介的文本沟通中相对直观的视觉表达，与传统交互文本相互补充。常见的泛在交互文本包括颜文字（emoticon）和绘文字（emoji）等。一方面，泛在交互文本被世界各地用户广泛使用，且不同静态用户情境的用户在泛在交互文本的使用上存在差异，启发本书在特定情况下使用泛在交互文本代替传统交互文本，用于静态用户情境解析，以降低用户隐私风险。另一方面，泛在交互文本常在文本交互中被用于表达情感、情绪、语义等信息，启发本书使用泛在交互文本作为情感等动态用户情境的代理标签，弥补动态用户情境解析中特定语言、特定领域人工标签数据的不足。

具体而言，本书的主要工作和创新点如下：

1. 提出了基于监督学习的静态用户情境解析技术 EmoLens。 EmoLens 基于实证分析开展特征工程，从用户文本交互中提取出对静态用户情境有区分度的泛在交互文本使用特征，并基于经典的机器学习算法，采用监督学习的方式训练得到静态用户情境解析模型。相较于现有基于传统交互文本的方法，EmoLens 仅依赖用户产生的泛在交互文本，降低了用户隐私风险。EmoLens 在来自 183 个国家的 134 419 个真实用户信息上的解析准确率达到 0.811，比基线方法提升了约 24%，且解析效果与基于传统交互文本的方法相当。

2. 提出了基于迁移学习的跨语言动态用户情境解析技术 ELSA。 ELSA 从公共平台爬取大量包含泛在交互文本的英语和目标语言数据，使用表征学习方法从中提取泛在交互文本使用的隐式特征，再协同机器翻译将蕴含在这些特征中的知识通过迁移学习的方式迁移到目标语言的动态用户情境解析模型中。ELSA 在 9 项基准任务上平均准确率达到 0.840，显著超过现有方法，错误率降低了约 14%。

3. 提出了基于迁移学习的领域特定动态用户情境解析技术 SEntiMoji。 SEntiMoji 从公共平台爬取大量包含泛在交互文本的社交媒体领域和目标领域数据，使用表征学习方法从中提取泛在交互文本使用的隐式特征，再将蕴含在这些特征中的知识通过迁移学习的方式迁移到目标领域的动态用户情境解析模型中。SEntiMoji 在 20 项基准任务上平均准确率达到 0.908，显著超过现有方法，错误率降低了约 21%。

在上述三项技术的基础上，本书实现了一套基于泛在交互文本的用户情境解析工具，合计包含 13 个 API，可供各类客户端调用。

关键词： 用户情境，用户情境解析，泛在交互文本

Abstract

In the open, dynamic, and changeable Internet environment, software needs to be able to sense changes in its external environment and adjust its behavior accordingly to provide services that meet or exceed user expectations. Therefore, researchers have put extensive attention on modeling and processing the external environment of software. They abstract the external environment of software as the context of software, including computing context, physical context, time context, user context, etc. With the continuous increase of software users, most modern software faces diversified user needs, resulting in increasing attention on user context. Specifically, high-quality software needs to be able to sense its users effectively and provide personalized services that satisfy different users through understanding user context information.

Researchers use "user situation" to cover various user context information, including static user situations with a long lifecycle (e. g. , age and gender) and dynamic user situations with a short lifecycle (e. g. , preferences and emotional states). Accordingly, the process of understanding user situations is called user situation analytics, including understanding static user situations (i. e. , static user situation analytics) and understanding dynamic user situations (i. e. , dynamic user situation analytics).

Since text input is one of the most important forms of interaction between users and software, it has become a hot topic in the research community to perform user situation analytics based on interaction text (i. e. , text input by users). However, existing interaction text-based approaches have the following limitations. On the one hand, existing approaches for static user situation analytics suffer from a great privacy risk. Specifically, it is difficult to analyze static user situations, such as gender and age, through mere words generated by users. To improve the effectiveness of analytics, service providers often collect a large amount of interaction text generated by users over a long period of time. The storage and processing of a large amount of user-generated text increase the risk of accessing and leaking user privacy information. On the other hand, existing approaches for dynamic user situation analytics mainly focus on English and social media, resulting in the scarcity of manually labeled data in other languages and domains. As a result, dynamic user situation analytics for non-English and non-social media domains is far behind. To tackle this problem, an intuitive approach is to manually label a large amount of data for each language and each domain. However, it is time-consuming and labor-intensive, and thus infeasible.

To address the above issues, this thesis proposes a ubiquitous interaction text-based user situation analytics approach. Ubiquitous interaction text (including emoticons, emojis, etc.) refers to visual expressions in computer-mediated text communication and it can complement traditional interaction text. On the one hand, ubiquitous interaction text is widely used by users around the world. Moreover, users of different static user situations have obvious differences in the use of ubiquitous interaction text, inspiring this thesis to use ubiquitous interaction text instead of traditional interaction text for static user situation analytics in specific situations to mitigate privacy risks. On the other hand, ubiquitous interaction text is often used in text-based interaction to express sentiments, emotions, semantics, etc., inspiring this thesis to use ubiquitous interaction text as proxy labels for dynamic user situations (e. g. , emotions) to address the scarcity of manually labeled data for dynamic user situation analytics in specific languages and specific domains.

Specifically, the main contributions of this thesis are as follows:

1. A supervised learning-based static user situation analytics technology (EmoLens). EmoLens performs feature engineering through empirical investigation to extract ubiquitous interaction text usage features that can distinguish users of different static user situations. Based on these features, it uses classic machine learning algorithms to train static user situation analytics models in a supervised learning fashion. Compared to existing approaches, EmoLens relies on only ubiquitous interaction text, thus alleviating privacy risks. EmoLens achieves an accuracy of 0.811 on 134 419 real-world users from 183 countries, outperforming the baseline by about 24%. Moreover, its performance is comparable to traditional interaction text-based approaches.

2. A transfer learning-based cross-lingual dynamic user situation analytics technology (ELSA). ELSA crawls a large amount of data containing ubiquitous interaction text from public platforms for both English and the target language and utilizes representation learning to extract implicit features from the data. Then it cooperates with machine translation to transfer the knowledge contained in these features to dynamic user situation analytics models in the target language via transfer learning. ELSA obtains an average accuracy of 0.840 on 9 benchmark tasks, significantly outperforming existing approaches and reducing the error rate by about 14%.

3. A transfer learning-based domain-specific dynamic user situation analytics technology (SEntiMoji). SEntiMoji crawls a large amount of data containing ubiquitous interaction text from public platforms for both social media and the target domain and utilizes representation learning to extract implicit features from the data. Then it transfers the knowledge contained in these features to dynamic user situation analytics models in the target domain via transfer learning. SEntiMoji outperforms all the existing approaches on 20 benchmark tasks with an average accuracy of 0.908 and re-

duces the error rate by about 21%.

The above three technologies supporting the approach for ubiquitous interaction text-based user situation analytics are implemented as a tool, including a total of 13 APIs that can be called by various clients.

Keywords: user situation, user situation analytics, ubiquitous interaction text

目 录

丛书序

推荐序 I

推荐序 II

导师序

摘要

Abstract

第1章 引言

1.1 问题的提出 ………………………………………… 1
   1.1.1 用户情境 ……………………………………… 1
   1.1.2 用户情境解析 ………………………………… 3
1.2 相关研究现状 ……………………………………… 5
   1.2.1 基于交互文本的静态用户情境解析 ………… 5
   1.2.2 基于交互文本的动态用户情境解析 ………… 14
1.3 现有工作中存在的问题 …………………………… 21
1.4 本书主要内容 ……………………………………… 26

第2章 基于泛在交互文本的用户情境解析方法框架

2.1 泛在交互文本 ……………………………………… 30
   2.1.1 常见的泛在交互文本 ………………………… 31

2.1.2 泛在交互文本的特性 ………………………… 33
2.2 方法框架 ………………………………………… 37
　　　2.2.1 框架依据 ………………………………… 37
　　　2.2.2 框架概览 ………………………………… 39
　　　2.2.3 挑战及技术路线 ………………………… 41
2.3 工具实现 ………………………………………… 44
2.4 小结 ……………………………………………… 51

第3章 基于监督学习的静态用户情境解析技术

3.1 技术概览 ………………………………………… 53
3.2 基于实证分析的特征工程 ……………………… 55
　　　3.2.1 数据收集 ………………………………… 56
　　　3.2.2 实证分析 ………………………………… 58
　　　3.2.3 特征提取 ………………………………… 66
3.3 基于监督学习的模型训练 ……………………… 68
3.4 实验验证 ………………………………………… 69
　　　3.4.1 待验证的问题 …………………………… 70
　　　3.4.2 实验设置 ………………………………… 70
　　　3.4.3 实验结果 ………………………………… 73
3.5 小结 ……………………………………………… 80

第4章 基于迁移学习的跨语言动态用户情境解析技术

4.1 技术概览 ………………………………………… 84

4.2 泛在交互文本赋能的语言表征 …………………… 86
4.3 基于迁移学习的模型训练 ………………………… 91
4.4 目标语言的动态用户情境解析 …………………… 92
4.5 实验验证 …………………………………………… 92
  4.5.1 待验证的问题 ……………………………… 93
  4.5.2 实验设置 …………………………………… 93
  4.5.3 实验结果 …………………………………… 98
4.6 小结 ………………………………………………… 114

第5章 基于迁移学习的领域特定动态用户情境解析技术

5.1 技术概览 …………………………………………… 117
5.2 泛在交互文本赋能的领域表征 …………………… 120
5.3 基于迁移学习的模型训练 ………………………… 122
5.4 目标领域的动态用户情境解析 …………………… 123
5.5 实验验证 …………………………………………… 123
  5.5.1 待验证的问题 ……………………………… 123
  5.5.2 实验设置 …………………………………… 124
  5.5.3 实验结果 …………………………………… 140
5.6 小结 ………………………………………………… 181

第6章 结束语

6.1 本书内容总结 ……………………………………… 182

6.2 未来工作展望 ………………………………… 184

参考文献 ………………………………………… 186
攻读博士学位期间的科研成果 ………………… 209
致谢 ……………………………………………… 212
丛书跋 …………………………………………… 215

第 1 章

引　　言

1.1　问题的提出

1.1.1　用户情境

在开放、动态、多变的互联网环境下，软件需要能感知外部环境的变化，并据此调整自身行为，以持续提供满足甚至超出用户期望的服务[1-4]。因此，关于软件的外部环境的建模、处理等一直以来得到学术界的重视。泛在计算领域，尤其是上下文感知计算领域，将软件的外部环境抽象为软件的上下文（context）。如图 1-1 所示，现有研究[5] 将软件的上下文划分为计算上下文（例如网络连接、通信开销等）、物理上下文（例如温度、湿度等）、时间上下文（例如年月日、季节等）和用户上下文（例如用户的喜好、状态等）。

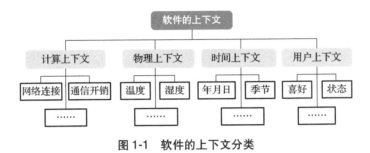

图1-1 软件的上下文分类

随着软件用户群体的不断扩大，现代软件大多具有用户需求多样化的特点，导致软件的用户上下文日益得到重视。具体而言，高质量的软件需要全面高效地感知其服务的用户，通过对用户上下文信息的加工和处理，提供满足不同用户的个性化服务。近年来，研究者以"用户情境"来涵盖各类用户上下文信息[6-9]，将其定义为表征用户情况的任何信息的集合。例如，Shirky和Balasubramaniam等以用户情境来表示用户所处的社会群体，认为软件的设计需要考虑不同社会群体用户的特定需求；Chang[8-9]认为用户情境包含诸多复杂的信息，例如，用户的情感状态、实时需求等，软件需要根据这些信息适时地调整自身行为。

用户情境对于现代软件及其利益相关者具有重要意义。一方面，对于用户情境的感知有利于服务提供商实现精准营销，从而提高其经济收益。例如，电子商务软件可以根据用户性别、喜好等情境信息，有效开展用户与商品间的相关性匹配，实现商品推荐与广告投放的综合收益最大化。另一方面，对于用户情境的感知有利于服务提供商为不同用户提供定制化服务，增强用户的满意度和忠诚度。例如，音乐软件可以根据用户情感状态等情境信息，适时为情绪低落的用户推荐使其心情平复和愉悦的音乐，提高用户的使用体验。

1.1.2 用户情境解析

根据经典的 SaD 用户模型（Static and Dynamic User Model)[10] 和上下文分类法，本书将用户情境分为静态用户情境和动态用户情境，如图 1-2 所示。其中，静态用户情境指生存周期较长的用户情境，包括性别、年龄、文化背景等；与之相对，动态用户情境的生存周期较短，包括喜好、技能、情感状态等。相应地，对于用户情境的感知称为用户情境解析，它包含解析静态用户情境（即静态用户情境解析）和解析动态用户情境（即动态用户情境解析）两个部分。

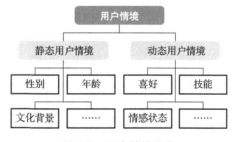

图 1-2　用户情境分类

用户情境解析作为现代软件的重要赋能技术，是学术界的热点问题。如图 1-3 所示,现有的用户情境解析方法主要是通过机器学习、数据挖掘、统计学习、信息可视化等技术从用户与软件的交互内容中解析出静态和动态用户情境。随着软件技术的发展,用户与软件的交互内容日益多样化,包括文本、图片、音频、行为数据等。其中,文本输入是用户与软件交互最常见和最重要的形式之一。基于交互文本(本书指用户输入的文本)的用户情境解析是软件工程[11-12]、万维网[13-14]、信息检索[15-16]、自然语言处理[17-18]、泛在计算[19-20]、人机交互[21-22]等众多研究领域的热点问题。本书也将聚焦于基于交互文本的用户情境解析的研究。

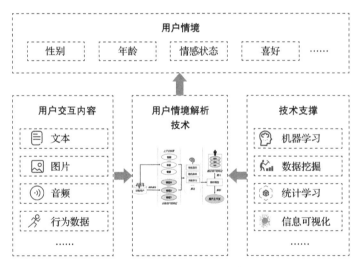

图 1-3 用户情境解析方法框架

1.2 相关研究现状

本节将从常见任务、数据收集、解析方法、评价方法四个维度对基于交互文本的用户情境解析的相关研究进行综述。具体而言，1.2.1 节介绍基于交互文本的静态用户情境解析（即基于交互文本解析静态用户情境）的相关工作，1.2.2 节介绍基于交互文本的动态用户情境解析（即基于交互文本解析动态用户情境）的相关工作。

1.2.1 基于交互文本的静态用户情境解析

1.2.1.1 常见任务

静态用户情境包括性别、年龄、文化背景、职业等生存周期较长的用户情境，许多软件会为不同性别、不同年龄、不同文化背景、不同职业的用户有针对性地提供不同的服务。本节以性别推断和年龄推断这两个常见静态用户情境解析任务为例进行阐述，这两个任务具有较大的共性，在现有工作[23-25]中常被同时考虑。

性别推断：性别的划分标准多样，三种常见的划分标准是按照生理性别划分、按照性别认同[26]划分和按照性别角色[27]划分。但是，服务提供商一般不严格以这三种标准对用户进行性别划分，而是直接以用户自我报告的性别作为其性别标签。服务提供商可以从自我报告性别的用户中学习不同性别的特征,从而推断出其他用户的性别标签。在实际应用中,许多服务提供商考虑到了用户性别的多元化,提供了多种性别选项供用户设置,例如,Facebook 提供了 71 种性别选项[28]。但是,学术界关于性别推断的工作[23-24,29]通常遵循性别二元论[30],将性别推断任务抽象为判断用户是女性或男性的二分类问题。

年龄推断:年龄是取值为整数的离散变量。但是,现有的年龄推断工作[25,31]通常将年龄考虑为一种连续变量,从而将年龄推断任务抽象成回归问题。此外,部分研究将用户按年龄段划分,从而将年龄推断任务抽象为分类问题。例如,Malmi 和 Weber[32] 将用户按照年龄划分为 18~32 岁和 33~100 岁两个类别;Zhang 等[33] 参照 Levinson 的成年人发展模型[34],将用户按年龄划分为 14~18 岁(少年期和青春期)、19~22 岁(成年前期到成年过渡期)、23~33 岁(成年生活模式的建立和维护期)、34~45 岁(成年早期)、45~65 岁(成年中期)和大于 65 岁(成年晚期)六个类别。

1.2.1.2 数据收集

为了开展静态用户情境解析,研究者需要收集一批用户的交互文本和其静态用户情境标签,从而训练得到解析模型。常见的收集静态用户情境标签的方法包括基于公开数据集的方法、基于用户自述的方法和基于自动化推断的方法。

基于公开数据集的方法：基于交互文本的静态用户情境解析是学术界的经典问题，因此，有许多公开数据集可供研究者直接下载使用。例如，Sap 等[25] 使用了 Schler 等[35] 公开的标注了用户性别、年龄的博客文本以及 Volkova 等[36] 公开的标注了用户性别的推特文本，作为性别推断和年龄推断任务的训练数据；Flekova 等[23] 使用了 Burger 等公开的标注了性别和年龄的推特用户，并根据这些用户的推特账号去爬取其推文，用于开展性别推断和年龄推断任务。

基于用户自述的方法：部分工作使用用户在社交媒体等平台上自述的静态用户情境作为其标签。例如，Sap 等[25] 收集了 1520 个 Facebook 账户的性别、年龄信息及发布的文本，作为性别推断和年龄推断任务的测试数据；Filippova[37] 收集了 YouTube 上部分账户的性别和年龄信息，并基于这些账户在 YouTube 上的评论文本开展性别推断和年龄推断任务。

基于自动化推断的方法：部分工作使用自动化方法，从用户生成的内容或社交网络信息中推断出其静态用户情境标签，作为模型训练时的金标准。例如，Zamal 等[39] 收集了推特上给出自己姓名的用户，将名字属于 2011 年美国新生儿最常见的 100 种男孩名的用户标注为男性，将名字属于最常见的 100 种女孩名的用户标注为女性。Zhang 等[33] 和 Zamal 等[39] 从推特上爬取了包含 "happy yth birthday" 的推文，以 y 作为被@ 的用户的年龄标签。

1.2.1.3 解析方法

为了有效开展静态用户情境解析，研究者提出了大量的方法。现有方法大致可以分为两种，包括基于现有工具的方法和基于机器学习的方法。

基于现有工具的方法：用户名是用户与软件系统交互产生的一种特殊文本，常见的应用软件（例如社交软件、购物软件、问答软件等）都会要求用户设置用户名。用户名的普遍存在衍生出了若干基于用户名的静态用户情境解析方法。基于用户名的方法一般直接使用现有工具，无须收集数据和训练解析模型。例如，Karimi 等[13]整合了基于照片的性别推断工具（Face++）[42]和基于用户名的性别推断工具（Sex-machine[40] 和 Genderize[41]），提出了一种混合式性别推断方法；Lin 和 Serebrenik[43]使用了现有的两款基于用户名的性别推断工具（genderComputer[44] 和 Gender Guesser[45]）对软件开发者问答平台上的用户开展性别推断。

基于用户名的方法省时省力，且方便非计算机从业人士（例如社会学研究者等）开展相关工作。但是，此类方法具有明显的局限性。

● **适用范围的局限性**：该局限性体现在两个方面。一方面，许多软件（例如输入法等）不需要用户设置用户名，基于用户名的方法无法适用于此类软件；另一方面，多数静态用户情境（例如年龄等）较难通过用户名来进行推断。

- **解析效果的局限性**：用户名中包含的信息量十分有限，因此，基于用户名的方法在解析效果上具有较大的局限性。

为了避免上述局限性，研究者提出了诸多基于机器学习的方法，以便从用户与软件的交互文本中挖掘出更多有价值的信息。

基于机器学习的方法：基于机器学习的静态用户情境解析，通常涉及两类用户（即训练用户和测试用户），涵盖三个步骤（即特征提取、模型训练和效果验证）。具体而言，首先，通过特征工程从训练用户中构建、提取、选择出有效的特征；其次，以训练用户的静态用户情境标签为金标准，使用机器学习算法基于选择出来的特征，训练得到静态用户情境解析模型；最后，使用测试用户验证训练得到的推断模型的效果。

现有研究基于用户的交互文本，提取了多种特征，用于开展静态用户情境解析任务。本节将主要介绍语法特征和文体特征这两类典型的特征，并综述相关工作。

- **语法特征**：常见的语法特征包括 n-grams 特征、词频特征和句法特征。n-grams 特征以文本中连续出现的 n 个词作为特征，包括 unigrams 特征（即 $n=1$）、digrams 特征（即 $n=2$）、trigrams 特征（即 $n=3$）等。对于 n-grams 特征的赋值通常有两种方式：一种是以是否存在该特征来二元赋值（存在记为 1，不存在记为 0），另一种是基于该特征在文本中出现的频率来赋值。

词频特征指基于单词或短语出现的频率衍生出来的一系列特征。虽然 n-grams 特征中也会涉及频率，但是词频特征不仅限于简单的 n-grams 特征。例如，TF-IDF（Term Frequency-Inverse Document Frequency）[47] 特征是典型的词频特征，它可以评估一个单词或短语对于语料库中某条文本的重要程度。如果在某条文本中一个单词的出现频率较高，但是该单词在整个语料库中出现的频率较低，那么对于该条文本，该单词就会被赋予较高的 TF-IDF 值。

n-grams 特征和词频特征在静态用户情境解析工作中均被广泛使用。例如，Burger 等[29] 以推特用户的显示名、全名、自我描述以及推文的字符层面和词层面的 n-grams 作为特征，使用 SVM、Naive Bayes 和 Balanced Winnow[46] 作为训练算法，得到了性别分类模型；Zhang 等[33] 基于推文的 n-grams 的 TF-IDF 特征设计了一套分类算法，得到了年龄分类模型；Ciot 等[38] 和 Zamal 等[39] 以推特用户的 k-top unigrams、k-top digrams、k-top trigrams、k-top hashtags，以及发推文、转推文、加 hashtag、加链接、提及别人的频率等作为特征，使用 SVM 作为训练算法，得到性别分类模型。

句法特征也是常用的语法特征之一。例如，Johannsen 等[24] 收集了多种语言的用户在 Trustpilot 网站上的评论文本，并解析不同性别、不同年龄用户的评论中句子内部的依存关系，发现了多种性别、年龄特定的模式，用于后期作为性别推断、年龄推断的特征。

- **文体特征**：不同静态用户情境的用户在文体风格上有所差异。例如，Argamon 等[48]发现，在英文写作中，女性更爱使用代词，而男性更爱使用名词指定语。部分研究者利用了不同静态用户情境的用户在文体风格上的差异，来开展静态用户情境解析工作。例如，Preotiuc-Pietro 等[49]发现，女性和男性在表达同样的语义时，在词和短语的选择上有不同的偏好，并基于此发现使用 Naive Bayes 算法设计了性别分类模型；Volkovn 和 Bachrach[50]基于用户在交互文本中所传达出的情绪基调及其与周围环境情绪基调的差异，使用逻辑斯蒂算法训练得到了性别、年龄、种族等多种用户情境的分类器；Flekova 等[51]利用 Automatic Readability Index[52]、Coleman-Liau Index[53]、Gunning-Fog Index[54]等七项指标来度量交互文本的可读性，利用 Heylighen-Dewaele 方法[55]来度量交互文本的文脉性，综合网络用语使用特征、文本明确性等其他文体风格特征，使用线性回归算法和 SVM 算法训练得到了年龄回归模型。

1.2.1.4 评价方法

为了评价静态用户情境解析方法的效果，首先，需要确定其对应的解析任务所关注的评价指标。其次，综合真实静态用户情境标签和解析得到的静态用户情境标签计算出评价指标的值，与基线方法的计算值进行比较，以评价解析方法的效果。如前文所述，静态用户情境解析任务通常被抽象为分类问题（例如性别推断）和回归问题（例如年龄推断），因此，本小节将综述分类问题和回归问题的常用评价指标。

分类问题评价指标：分类问题的常用评价指标为准确率（accuracy）、精确率（precision）、召回率（recall）和 F1 值（F1-score）。为了方便介绍这些评价指标的含义和计算方法，此处以性别推断的二分类问题为例进行阐述。在测试集中，每个用户有真实的性别标签和解析模型推断出的性别标签。根据这两种标签的情况，测试集用户可以分为四类：

- 真实的性别标签为 Male，预测的性别标签为 Male，此类样本的数目记为 TM（True Male）；
- 真实的性别标签为 Male，预测的性别标签为 Female，此类样本的数目记为 FF（False Female）；
- 真实的性别标签为 Female，预测的性别标签为 Male，此类样本的数目记为 FM（False Male）；
- 真实的性别标签为 Female，预测的性别标签为 Female，此类样本的数目记为 TF（True Female）。

根据上述四类用户的数目，可以计算各项评价指标。

- 准确率是分类问题中最常用的评价指标，用于评价被正确推断的用户占总体用户的比例。其计算方式为

$$\text{accuracy} = \frac{TM + TF}{TM + FF + FM + TF} \qquad (1.1)$$

- 精确率评价了解析方法推断每种性别的用户的精确

度。以男性用户为例,其精确率表示被预测为男性的用户中真正属于男性的比例:

$$\text{precision} = \frac{\text{TM}}{\text{TM}+\text{FM}} \quad (1.2)$$

- 召回率评价了解析方法对每种性别的用户的敏感度。以男性用户为例,其召回率度量了所有男性用户中有多少被正确识别出来:

$$\text{recall} = \frac{\text{TM}}{\text{TM}+\text{FF}} \quad (1.3)$$

- 通常,单独看精确率和召回率很难判断一种解析方法的好坏。例如,当 A 方法的精确率很高但召回率很低,B 方法的精确率很低但召回率很高时,如果没有明确的任务需求(例如追求某种性别用户的精确率),那么很难比较 A、B 两种方法的优劣。因此,学术界采用 F1 值来综合考虑这两个指标,其代表了精确率和召回率的调和平均数:

$$\text{F1-score} = 2 * \frac{\text{precision} * \text{recall}}{\text{precision}+\text{recall}} \quad (1.4)$$

当解析任务为多分类问题(例如涉及六个年龄段的用户年龄分类任务)时,评价指标的计算方法可以类比上述描述和定义。

回归问题评价指标:回归问题的常见评价指标为平均绝对误差(Mean Absolute Error,MAE)、均方误差(Mean Squared Error,MSE)和均方根误差(Root Mean Squared Error，RMSE）。这三项指标均度量了预测的情境值与真实用户情境值之间的误差。

假设测试集包含 n 个用户，第 i 个用户的真实情境值为 y_i，预测情境值为 $\hat{y}_i$，则

$$\text{MAE} = \frac{\sum_{i=1}^{n} |y_i - \hat{y}_i|}{n} \quad (1.5)$$

$$\text{MSE} = \frac{\sum_{i=1}^{n} (y_i - \hat{y}_i)^2}{n} \quad (1.6)$$

$$\text{RMSE} = \sqrt{\frac{\sum_{i=1}^{n} (y_i - \hat{y}_i)^2}{n}} \quad (1.7)$$

另外，部分研究中计算了解析情境值序列和真实情境值序列的相关系数[27]，以相关系数的高低和显著性来评价解析效果的好坏。

1.2.2　基于交互文本的动态用户情境解析

1.2.2.1　常见任务

动态用户情境包括情感状态、兴趣喜好等生存周期较短的用户情境。其中，兴趣喜好的解析通常基于用户的行为数据（例如浏览行为[56]、点击行为[57]、购买记录[58]等）。本节关注基于交互文本的动态用户情境解析，常见任务为情感

分析和情绪分析。情感分析和情绪分析常被用于赋能软件内广告投放[59]、服务定制化[60]、商品推荐[61]等多种应用场景。

情感分析：情感（sentiment）是一种由感觉（feeling）引起的态度（attitude）、想法（thought）或判断（judgement）[62]。学术界通常将情感分为正面、中立和负面三种极性[63]，从而将情感分析任务抽象为三分类问题。

情绪分析：情绪（emotion）是指主观上经历过的强烈感觉导致的意识反应[62]。相较于情感，情绪更为复杂，迄今为止，关于情绪的分类暂无统一标准。心理学研究者提出了许多经验和分析理论来分类情绪，例如 Shaver 框架[64] 和 VAD 模型[65]。Shaver 框架是一种树状结构情绪分类模型，树的第一层包含六种主要情绪，即爱（love）、悲伤（sadness）、愤怒（anger）、喜悦（joy）、惊奇（surprise）和恐惧（fear）。该分类法在现有研究[66-69]中被广泛使用。VAD 模型将情绪映射到二维空间中，其中水平方向表示情绪的极性，即效价（valence）[70]，垂直方向表示情绪的反应性水平，即唤醒度（arousal）[70]。根据该模型，情绪可以被表示成不同水平的效价和唤醒度的组合。不论是采用 Shaver 框架还是 VAD 模型划分情绪，情绪分析问题均被抽象为分类问题，即从用户的交互文本中识别是否蕴含某种或某些情绪。

1.2.2.2　数据收集

为了开展动态用户情境解析，研究者需要收集一批用户的交互文本和动态用户情境标签,从而训练得到解析模型。常见的收集动态用户情境标签的方法包括基于公开数据集的方法和基于标注的方法。

基于公开数据集的方法:基于交互文本的动态用户情境解析是学术界的经典问题,因此,有许多公开数据集供研究者下载使用。例如,Saif 等[71]综述了可以用于情感分析的八个公开数据集;Novielli 等[67]公开了可以用于 Stack Overflow 用户情绪分析的数据集;Ortu 等[69]公开了可以用于 JIRA 问题追踪系统中情绪分析的三组数据集。此外,一些国际研讨会(例如计算语义分析研讨会 SemEval)也会经常公开一些数据集,供研究者在其上开展研究并比拼效果。

基于标注的方法:不同于静态用户情境标签,动态用户情境标签一般无法从用户账号等自述信息中直接获取。因此,研究者通常采取人工标注的方法,收集交互文本对应的动态用户情境标签。具体而言,主要有三种形式:第一,研究者自行标注数据[72];第二,研究者线下招募参与者进行标注[73];第三,通过 AMT 等众包平台寻找参与者进行标注[74]。第一种形式耗时耗力,第二种形式和第三种形式通常需要对标注者进行付费,成本较高。因此,这种方法难以用于标注大规模的数据。为了克服该缺点,部分研究者采取半监督式的标注方法。例如,Liu 等[75]认为包含":)"的推文是正面情感,认为包含":("的推文是负面情感。这种方法省时、省力、省成本,且方便收集大规模标签数据。但是,得到的数据噪声较多,且按照":)"等弱标签进行数据过滤,引入了数据偏见(bias)。

1.2.2.3 解析方法

为了有效开展动态用户情境解析,研究者提出了诸多方法。现有方法大致可以分为两种,包括基于现有工具的方法和基于机器学习的方法。

基于现有工具的方法:动态用户情境解析任务的重要性催生了一系列工具,这些工具一般基于词典实现,根据交互文本中出现的词和短语来直接判断动态用户情境标签,无须进行模型的训练。对于情感分析,部分基于词典的工具(例如 SentiStrength[76]、NLTK[77] 等)已经较为成熟,它们基于一系列被标注了情感极性和情感强度的单词及短语来判断给定文本的情感极性。具体而言,SentiStrength 是一款基于评论数据的词典式情感分类器,其核心是一个情感词汇强度表,包含 298 个正面单词和 465 个负面单词,每个单词被赋予了情感的强度。除此之外,SentiStrength 还包含增强词汇表、否定词汇表等。对于一个给定的交互文本,SentiStrength 会根据文本中包含的各单词的情感,综合得到文本的总体情感极性。NLTK 一般用于分析社交媒体文本的情感,其核心是 VADER 词典。VADER 词典是基于 LIWC[78]、ANEW[79] 和

GI[80] 这三款情感分析工具的词典，加上社交媒体中流行的字母缩写（例如"LOL"）、俚语（例如"giggly"）等形成的一个新的适用于社交媒体的词典。相较于情感分析，其他动态用户情境解析任务（例如情绪分析）的难度更大，因此，使用简单的基于词典的方法来开展其他任务的工作相对较少。对于情绪分析，Thelwall[81] 提出了 TensiStrength 工具，它基于词典和预设规则从社交媒体文本中识别压力和放松情绪，并未考虑其他情绪。

总的来说，基于词典的方法操作简便，研究者可以直接使用现有工具，无须训练解析模型。因此，它在社会学等研究领域中至今仍被广泛使用。但是，在自然语言处理等计算机研究领域中，该方法已非主流，存在以下三种局限性：

- 基于词典的工具一般针对情感分析等简单的用户动态解析任务，复杂的动态用户情境较难通过该方法进行解析。

- 不同领域的用户的常用词汇不同，因此，固定的词典无法适用于不同领域的用户。例如，软件工程领域的研究者将基于社交媒体数据得到的词典应用于软件开发者的动态用户情境解析，发现效果较差[82]。

- 基于词典的工具较为简单，在解析效果上存在较大的局限性。

基于机器学习的方法：大多数基于机器学习的动态用户情境解析方法首先提取交互文本中的特征，然后基于特征训练得到解析模型。特征的定义和选取对于此类方法的解析效果发挥着较大的作用，常用特征包括语义特征、语法特征和文体特征。此外，深度学习算法已经被广泛应用于动态用户情境解析任务中，它不需要显式地定义和提取特征，而是由深度学习网络从交互文本中自行学习隐式特征。下面将围绕语义特征、语法特征、文体特征和深度学习来综述相关工作。

- **语义特征**：语义特征是指根据不同词汇的语义（例如情感语义等）定义的对动态用户情境解析任务有信息量的特征。常用的语义特征包括观点词、情感词和否定词等。观点词和情感词是指被认定为能表露出某种观点或情感的单词和短语，常用的观点词和情感词词典包括 SentiWordNet[83]、MPQA Opinion Corpus[84]、SentiStrength Corpus[85] 等。否定词的使用影响了整个文本的语义。例如，Kiritchenko 等[86] 发现，包含正面词汇的句子中使用否定词通常会将句子的情感变成负面，包含负面词汇的句子中加入否定词却往往不会改变句子的情感极性。因此，大量的情感分析研究关注了否定词的使用情况[87-90]。

- **语法特征**：常见的语法特征包括 n-grams 特征、词频特征、词性特征、依存关系特征等。n-grams 特征和词频特征在 1.2.1.3 节中已做详细介绍，这里不再赘述。词性特征是基于交互文本中单词的词性（形容词、副词、动词等）衍生出来的特征。在实际研究中，该类特征在动态用户情境解析任务中的使用效果存在争议。以情感分析为例，部分研究认为使用词性特征并不能提高分析效果[92]，但是，有一些研究表明使用词性特征可以小幅度提高分析效果[91,93]。依存关系是指文本中各单词之间的语法关系。Nakagawa 等[94] 基于交互文本中的依存关系特征，使用 Conditional Random Field 算法，训练得到情感分类模型。

● **文体特征**：动态用户情境解析中常用的文体特征包括颜文字、增强词、缩写词、标点符号等的使用情况。颜文字的主要功能是表达情绪，因此，经常被用于情感分析和情绪分析中作为文体特征[95]。增强词是指某些字母被大写或者重复以增强表达效果的单词，这种文体风格也常被作为动态用户情境解析的特征[63]。缩写词（例如"OMG"）和标点符号（例如感叹号）通常与情感、情绪的表达有关，是情感、情绪分析常见的文体特征[96]。

● **深度学习**：在动态用户情境解析任务中，卷积神经网络（CNN）和长短期记忆网络（LSTM）等深度学习算法已被验证可以取得较好的解析效果。例如，Shin 等[97] 提出了一套 CNN 加注意力机制的情感分析框架，在多个基准数据集上取得了较好的效果。相较于 CNN，LSTM 等循环神经网络具有循环特性，更适合处理文本等序列数据。因此，它在基于交互文本的动态用户情境解析任务中的使用更为广泛。例如，Feng 等[98] 基于 LSTM 和注意力机制提出了一套情感分析框架。类似地，Felbo 等[99] 提出了基于 LSTM 和注意力机制的迁移学习框架，利用大量包含绘文字的推文训练得到文本表征模型，再将表征模型用于情感分析、情绪分析、讽刺分析等众多任务中，取得了较好的效果。

1.2.2.4 评价方法

情感分析、情绪分析等常见动态用户情境解析任务一般被归纳为分类问题。分类问题的常见评价指标为准确率、精确率、召回率和 F1 值。这些指标的具体含义及计算方法在 1.2.1.4 节中已详细介绍，此处不再赘述。

1.3 现有工作中存在的问题

通过对相关工作的综述，可以发现目前学术界对用户情境解析的关注度较高，在静态用户情境解析、动态用户情境解析上都开展了大量工作，取得了一些重要成果和进展。但是，从静态用户情境解析、动态用户情境解析任务的特点来看，现有工作还存在以下几方面的问题。

第一，现有的基于交互文本的静态用户情境解析具有较大的隐私风险。相较于情感分析、情绪分析等动态用户情境解析任务，一般来说，性别推断、年龄推断等静态用户情境解析任务所利用的交互文本的体量更大。这种体量上的差异可以归因于静态用户情境、动态用户情境的生存周期差异。具体而言，情感、情绪等动态用户情境的生存周期较短，该特性决定了动态用户情境解析只能基于用户在较短时间内产生的少量交互文本开展，时效性较强。但是，性别、年龄等静态用户情境通常难以通过用户交互所产生的少量交互文本片段就解析出来。考虑到这些静态用户情境的生存周期较长，静态用户情境解析的时效性较弱，服务提供商往往收集用户在长时间内产生的大量交互文本进行解析，以提高解析效果。这种对用户长时间内的交互文本进行存储和处理的做法，增加了访问、泄露用户敏感和隐私信息的风险。例如，Sap 等[25] 公开的用于性别推断的 7137 种交互文本特征[100]中，有 209 种可以在 mongabay[101] 所公布的最流行的 1000 个姓中找到，有 507 种可以在 nameberry[102] 所公布的最流行的 2000 个名字中找到。除了用户的真实姓名以外，部分特征还暗含了其他类型的敏感信息，包括"$"（交易信息）、"@yahoo.com"（邮箱信息）、"http"（浏览网站信息）、日期、时间和诸多数字（例如电话号码、个人识别码、财务信息等）。

第二，现有的基于交互文本的动态用户情境解析主要针对英语和社交媒体领域，造成了其他语言、其他领域的人工标签数据的稀缺，因此解析效果不佳。这种稀缺状况主要由动态用户情境解析的数据收集方式所导致。回顾 1.2.2.2 节，现有工作主要采用基于公开数据集的方法和基于标注的方法，来收集标签数据。但是，一方面，因为现有工作[96,98-99]大多数基于英语文本和社交媒体文本开展，所以公开数据集也主要是针对英语和社交媒体领域；另一方面，基于标注的方法耗时耗力，针对每种语言、每种领域都人工标注大量的标签数据可行性较低。这些现实因素限制了在其他语言（例如日语）、其他领域（例如软件工程领域）上的解析效果。下面将从语言、领域这两个方面来具体阐述动态用户情境解析中尚待解决的问题。

语言：据统计[103]，截至2021年2月，互联网上74.1%的用户为非英语用户。也就是说，动态用户情境解析研究上的不平等（即主要针对英语用户）将导致约四分之三的互联网用户无法享受到动态用户情境解析技术赋能的高质量服务。

为了打破这一现状，最直观的做法是开展跨语言动态用户情境解析，即将在标签充足的语言（即源语言，通常指英语）上学习到的知识迁移到标签稀缺的语言（即目标语言）上[104]。该做法的最大挑战在于如何填补英语与目标语言之间的语言鸿沟。大多数现有工作通过机器翻译来填补这一鸿沟。一种简单的做法是将目标语言的待解析文本翻译成英语，然后直接应用英语的解析模型，或者将英语的标签数据翻译成目标语言，然后基于翻译数据训练得到目标语言的解析模型[105]。

近几年，随着深度学习的发展，基于机器翻译的跨语言动态用户情境解析技术也进行了革新。目前的常见做法[106-107]是：首先，将英语和目标语言的文本都表征到连续的向量空间中；其次，从词层面或篇章层面对通过机器翻译得到的伪平行文本进行两种语言的表征对齐，从而形成统一的表征空间；最后，在统一的表征空间内，使用英语的标签数据训练得到目标语言的动态用户情境解析模型。

虽然上述基于机器翻译的方法听起来较为可行，但是其效果往往并不理想。具体而言，其效果受限于语言差异问题，即不同语言在文本表达模式上存在较大差异。但是，机器翻译只擅长捕获两种语言之间共性的表达模式，对于语言个性的表达模式无法较好地处理[108]。以面向日语用户的情感分析为例，在开展跨语言情感分析时，机器翻译可以保留英语和日语之间的共性表达模式（例如，日语"怒っている"和其英语译文"angry"都表示愤怒，是一种负面情感），但是，对于部分日语特定的情感表达模式却无法较好地保留。例如，在日语中，"湯水のように使う"形容浪费，是一种典型的负面情感，但是，其英语译文"use it like hot water"丢失了情感信息，是一种中立的表达。

机器翻译在跨语言动态用户情境解析中表现出来的上述局限性，可以用其训练机制来解释：机器翻译工具通常是基于平行语料训练得到的，平行语料是为了捕获跨语言共享的表达模式而构建的。因此，机器翻译工具在训练时往往单方面追求跨语言共性的表达模式，未能保留语言特定的知识。为了弥补机器翻译的这种局限性，急需一种新的桥梁来填补英语和目标语言之间的语言鸿沟，这种桥梁不仅需要迁移语言之间的共性知识，还需要能捕获语言特定的知识。

领域：现有的动态用户情境解析工作主要面向社交媒体领域的用户开展。但是，由于不同领域的用户的术语空间不同，基于社交媒体领域的用户交互文本训练得到的解析模型很难泛化到其他领域。进而，学术界出现了众多领域特定的动态用户情境解析工作，例如，面向金融领域的动态用户情境解析[109]、面向交通领域的动态用户情境解析[110]、面向软件工程领域的动态用户情境解析[112]等。下面将以面向软件工程领域用户的情感分析任务为例，来揭示目前领域特定的动态用户情境解析工作存在的问题。

作为 API、库（library）等软件制品的用户，软件开发者会在 Stack Overflow 等问答平台上发表对这些制品的评价。对这些评价进行情感分析，有利于甄别相应制品的质量，进而方便软件开发过程中 API 推荐等任务的开展[72]。此外，开发者的情感状态高度影响了其工作效率，负面的情感状态将导致其效率降低[68,111]。及时检测出开发者的负面情感，并采取相应的措施来进行缓解，对软件开发生命周期中的利益相关者来说至关重要。为此，研究者提出了多种分析开发者情感状态的方法，其中，基于交互文本的方法是主流[112-113]。

软件工程领域的研究者早期大多直接使用现有的文本情感分析工具（例如 SentiStrength、NLTK 和 Stanford CoreNLP）对开发者进行解析。但是这些工具并非面向软件工程领域提出，所以无法提供可靠的结果。例如，Jongeling 等[112] 发现，这些工具对软件工程领域交互文本的解析结果与人工标注结果存在较大分歧。此外，Islam 和 Zibran[82] 将 SentiStrength 应用到一个软件工程领域的数据集上，发现缺乏对软件开发者术语的理解是造成 SentiStrength 效果较差的主要原因。例如，SentiStrength 认为 super、support、resolve 等传达了正面情感，error 和 block 等传达了负面情感。可是，这些词均为软件工程领域的术语，开发者在使用时通常不带感情色彩。

上述负面结果导致软件工程领域的研究者开始逐步发展领域定制化的情感分析方法。具体而言，研究者人工构建了若干领域特定的标签数据[69,72-73,114]，并基于这些数据训练得到定制化的解析模型[73,82,114]。但是这些定制化模型在实际应用中效果仍然不理想。通过实验验证，Lin 等[72]认为目前尚无一种情感分析方法可以有效地解析软件工程领域的交互文本。这种解析效果上的局限性可以归因于标签数据。具体而言，软件工程领域的标签数据体量较小（仅有几千条），定制化的解析模型不可避免地缺乏对标签数据之外的表达模式的理解。考虑到英语词汇量之大，标签数据的这种局限性影响较大。为了解决这一问题，一种直观的做法是人工标注更多的标签数据。但是，人工标注耗时耗力，且容易出错，因此，急需一种新方法来为这一问题提供高效的解决方案。

1.4 本书主要内容

针对现有工作中存在的问题，本书提出了基于泛在交互文本的用户情境解析方法。泛在交互文本是以计算机为中介的文本沟通中相对直观的视觉表达[115-116]，与传统交互文本相互补充。常见的泛在交互文本包括颜文字和绘文字等。一方面，泛在交互文本被世界各地用户广泛使用，且不同静态用户情境的用户在泛在交互文本的使用上存在差异，启发本书在特定情况下使用泛在交互文本来代替传统交互文本，用于静态用户情境解析，以降低用户隐私风险；另一方面，泛在交互文本常在文本交互中被用于表达情感、情绪、语义等信息，启发本书使用泛在交互文本作为情感等动态用户情境的代理标签，弥补动态用户情境解析中特定语言、特定领域人工标签数据的不足。

具体而言，针对基于传统交互文本的用户情境解析方法存在的问题，本书提出了基于泛在交互文本的用户情境解析方法框架，为静态用户情境解析中的隐私问题和动态用户情境解析中的人工标签数据不足问题提供了有效的解决方案。对于静态用户情境解析，该框架仅利用用户的泛在交互文本数据，从中提取显式特征，在特定情况下代替基于传统交互文本的特征，降低了用户隐私风险。对于动态用户情境解析，该框架从公共平台爬取大量包含泛在交互文本的数据，并从中提取泛在交互文本使用的隐式特征，利用这些特征知识来弥补特定语言、特定领域人工标签数据的不足。该框架的关键支撑技术（即本书的主要创新点）如下。

（1）**提出了基于监督学习的静态用户情境解析技术 EmoLens**。EmoLens 仅依赖用户交互产生的泛在交互文本，基于实证分析开展特征工程，从中提取出对静态用户情境有区分度的用况特征，通过监督学习的方式训练得到静态用户情境解析模型。本书以性别推断作为实例，基于来自 183 个国家的 134 419 个真实用户的数据，验证 EmoLens 的解析效果。结果表明，EmoLens 的准确率可达 0.811，比基线方法提升了约 24%，解析效果与基于传统交互文本的方法相当，并可以泛化到各语言用户上。

（2）提出了基于迁移学习的跨语言动态用户情境解析技术 ELSA。ELSA 从公共平台爬取大量包含泛在交互文本的英语和目标语言数据，使用表征学习方法从中提取泛在交互文本使用的隐式特征，再协同机器翻译将蕴含在这些特征中的知识通过迁移学习的方式迁移到目标语言的动态用户情境解析模型中。本书以跨语言情感分析作为实例，在涵盖了 3 种目标语言的 9 项基准任务上，验证 ELSA 的解析效果。结果表明，ELSA 平均准确率达到 0.840，显著超过现有方法，错误率降低了约 14%。

（3）提出了基于迁移学习的领域特定动态用户情境解析技术 SEntiMoji。SEntiMoji 从公共平台爬取大量包含泛在交互文本的社交媒体领域和目标领域数据，使用表征学习方法从中提取泛在交互文本使用的隐式特征，再将蕴含在这些特征中的知识通过迁移学习的方式迁移到目标领域的动态用户情境解析模型中。本书以软件工程领域的情感、情绪分析为实例，采用现有的 20 项基准任务，验证 SEntiMoji 的解析效果。结果表明，SEntiMoji 平均准确率达到 0.908，显著超过现有方法，错误率降低了约 21%。

本书对基于泛在交互文本的用户情境解析方法框架涉及的上述三项技术进行了工具实现，合计包含 13 个 API，可供各类客户端调用。

本书共分为六章，后续章节结构如下：

第 2 章介绍泛在交互文本及其特性，阐述泛在交互文本为用户情境解析带来的新机遇，提出基于泛在交互文本的用户情境解析方法框架，并对其进行工具实现。

第 3 章针对基于交互文本的静态用户情境解析的隐私问题，提出基于监督学习的静态用户情境解析技术 EmoLens。此外，以性别推断为实例，验证了 EmoLens 的效果。

第 4 章针对基于交互文本的动态用户情境解析的语言现状，提出基于迁移学习的跨语言动态用户情境解析技术 ELSA。此外，以跨语言情感分析为实例，验证了 ELSA 的效果。

第 5 章针对基于交互文本的动态用户情境解析的领域现状，提出基于迁移学习的领域特定动态用户情境解析技术 SEntiMoji。此外，以软件工程领域的情感、情绪分析为实例，验证了 SEntiMoji 的效果。

第 6 章对本书研究工作进行总结，并讨论未来的进一步研究方向。

第 2 章

基于泛在交互文本的用户情境解析方法框架

针对现有的基于交互文本的用户情境解析工作中存在的问题，本章提出了一种基于泛在交互文本的用户情境解析方法框架。具体而言，本章将首先介绍泛在交互文本，归纳其特性，阐述其为用户情境解析任务带来的机遇，然后介绍基于泛在交互文本的解析方法框架及其工具实现。

2.1 泛在交互文本

泛在交互文本是以计算机为中介的文本沟通中相对直观的视觉表达[115]，是一种超越传统交互文本的表现形式[116]。这种特殊的表现形式使用户与软件之间的文本交互变得更加生动，进而得到世界各地用户的喜爱，并成为泛在计算和人机交互等领域的研究热点[115-119]。本节将介绍常见的泛在交互文本,并为后续的基于泛在交互文本的用户情境解析方法框架提供洞见。

2.1.1 常见的泛在交互文本

与传统交互文本一样,泛在交互文本也可以通过输入法输入,继而被用于用户与各类软件的文本交互过程中。如图2-1所示,常见的泛在交互文本包括颜文字和绘文字[117,120]。下面将具体阐述这两种泛在交互文本的区别。

(a)颜文字　　　　　　　　(b)绘文字

图2-1　常见的泛在交互文本

颜文字是由 ASCII 字符组成的人造表情符号[117]。1982年,美国卡内基梅隆大学的 Scott Fallman 教授使用冒号、连字符和半圆括号,创造了世界上第一款颜文字":-)"[115]。受此启发,人们开始拼接键盘字符(例如英文字母、标点符号和数字),来创造出各种各样表达面部表情和情绪的颜文字。虽然目前部分输入法已内置自己设计的颜文字,但是颜文字的设计至今并无统一规范，用户可以凭借个人灵感创造出自己喜欢的颜文字。研究[121]表明，东方国家（日本、韩国等）用户更爱创造出垂直风格的颜文字（例如"T_T"和"^_^"），而西方国家（德国、法国等）用户更爱创造出水平风格的颜文字（例如":)"和":-["）。但是，ASCII字符有限的形态限制了颜文字的视觉表现能力，使得颜文字很难用于描述复杂的物体或者语义。

绘文字问世于20世纪90年代后期，起源于日语e（絵，"picture"）+moji（文字，"character"），具体而言，是指线上文本沟通中以彩色视觉图标显示的表意符号（ideograms）和笑脸（smileys）[122]。相较于颜文字，绘文字由Unicode统一编码，设计更加规范和标准。此外，绘文字的表现内容也更为丰富，除了面部表情（例如"😄"和"😊"）以外，还可以表示手势（例如"🖖"和"👌"）、职业（例如"👮"和"👨‍🌾"）、物体（例如"📖"和"☂"）、行为（例如"🙇"和"💃"）、地点（例如"⛩"和"🏛"）等多种语义。随着用户需求的不断增加，Unicode依然在不断更新和增加更多种类的绘文字。截至2021年2月，Unicode绘文字列表已更新至第13.1版[123]，包含了1317种不同的绘文字。绘文字的上述优点导致其被主流输入法普遍内置，并迅速受到全世界各地用户的广泛喜爱[117]。研究[124]表明，绘文字的流行程度已经显著超过了颜文字。2015年，牛津词典更是将"😀"绘文字评为年度词汇，认为其最能代表 2015 年世界的心情、风气与关注点。2018 年，学术界开始创办绘文字国际研讨会[125]，鼓励研究者致力于与绘文字的理解和应用相关的研究。

随着互联网技术的不断发展，新的泛在交互文本也在不断涌现。例如，部分研究者[115,118]将贴纸（sticker）和表情包（meme）看作继颜文字和绘文字后的下一代泛在交互文本。贴纸由第三方专业设计师开发，并以成套形式发布在社交应用中供用户下载使用。表情包则由用户根据自身经历或者从流行的文化制品（例如电视节目、游戏视频等）中获得灵感，自行设计。虽然两者与颜文字和绘文字一样，可以用于文本交互中，令交互过程更加生动形象，但是其泛在性却不如颜文字和绘文字。具体而言，贴纸和表情包的应用场景受限：一方面，它们一般只可用于特定的社交应用中；另一方面，它们无法与传统交互文本协同使用（即出现在一句话中），只能单独使用。鉴于贴纸和表情包的泛在性不足，发展尚处于初期，本书不做过多赘述。

2.1.2 泛在交互文本的特性

基于现有研究，本书总结出了泛在交互文本的三种典型特性，包括泛在性、使用异质性和多功能性。下面将具体阐述这三种特性。

2.1.2.1 泛在性

传统交互文本的使用具有语言特定（例如各国语言）、文化特定（例如俚语）、领域特定（例如各领域术语）等特点。相较之下，泛在交互文本具有更强的泛在性。一方面，泛在交互文本被各语言、各文化背景的用户广泛使用。例如，Park 等[121]通过分析 5400 万推特用户在 2006 年至 2009 年产生的交互文本，发现颜文字被各国用户普遍使用；Lu 等[117]通过分析来自 212 个国家的 388 万真实用户在 2015 年 9 月与移动设备的 4 亿次文本交互记录，发现绘文字被各国和各文化背景的用户普遍使用。另一方面，泛在交互文本也被各领域用户广泛使用。例如，Claes 等[126]和 Lu 等[127]发现，颜文字和绘文字除了在社交媒体等领域流行以外，也被软件工程领域的用户（即软件开发者）在 Mozilla 问题追踪平台、Apache 问题追踪平台、GitHub 软件项目托管平台等众多平台上广泛使用。此外，泛在交互文本被各年龄用户和各性别用户广泛使用[117]，且被证明，相较于传统交互文本，对文盲、半文盲等群体更为友好[118]。

2.1.2.2 使用异质性

泛在交互文本的泛在性并不代表各类用户对其使用具有同质性。相反，现有研究表明，不同国家、不同语言的用户对泛在交互文本的使用偏好存在异质性。例如，Park 等[121]发现，东方国家用户偏爱垂直风格的颜文字，西方国家用户偏爱水平风格的颜文字；Lu 等[117]发现，法国用户偏爱心形绘文字，而其他国家用户偏爱脸形绘文字。这些偏好差异被证明可以从文化差异的角度进行解释[117,129]，即不同文化背景的用户对泛在交互文本的使用偏好不同。不同年龄、不同性别、不同性格的用户对泛在交互文本的使用偏好也存在异质性。例如，Prada 等[130]发现，女性使用颜文字和绘文字的频率高于男性；Oleszkiewicz 等[131]发现，年轻用户比年长用户更爱使用颜文字；Zhou 等[118]发现，年轻人和老年人对微笑绘文字的理解不同，因此使用场景也不同；Li 等[132]发现，负责型、外向型用户偏爱传达积极情绪的绘文字，亲和型用户偏爱心形绘文字，神经质型用户偏爱面部表情夸张的绘文字，这些差异被证明可以用大五人格理论[133]来解释。另外，不同领域的用户对泛在交互文本的使用偏好也存在异质性。例如，Lu 等[127]发现，社交媒体领域的用户更爱使用脸形和心形绘文字，而软件工程领域的用户则偏爱使用绘文字来表达领域内术语，例如，使用"🚀"表示软件项目的部署和启动。

2.1.2.3 多功能性

除了增强文本交互的有效性、趣味性和社交性[134]外，泛在交互文本还被证明具有下述多种功能[116,135-137]。

- 表达情绪，即通过使用泛在交互文本来表达爱、喜悦等正面情绪或悲伤、愤怒等负面情绪。例如，"放学了:)"中，":)"表达了喜悦的情绪。
- 增强表达，即通过使用泛在交互文本来增强原先表达的语义。例如，"我好开心:)"中，":)"增强了"我好开心"所传达出的喜悦情绪。
- 调节语气，即通过使用泛在交互文本来调节语句的语气，使之变得更友好。例如，"我希望你可以更认真些😁"中，"😁"调节了严肃的语气。
- 表达幽默或讽刺，即通过使用泛在交互文本来让语句变得更加生动有趣或具有讽刺挖苦意味。例如，"你可真是个好孩子👿"中，"👿"表明该句为讽刺。
- 表达亲密，即通过使用泛在交互文本来拉近沟通双方的距离，让彼此觉得更亲近。例如，"我想见你了😊"中，"😊"表达了亲密之意。
- 描述内容，即使用泛在交互文本来代替传统交互文本描述内容。因为颜文字表意能力有限，所以该功能主要体现在绘文字的使用上。例如，"我💖你"中，"💖"表示"爱"；"❌🎅👆👉"表示"没有圣诞礼物给你"。

2.2 方法框架

基于泛在交互文本的特性，本书提出了基于泛在交互文本的用户情境解析方法框架。本节将阐述该框架的依据（2.2.1节），概述该框架的主要内容（2.2.2节），并剖析该框架涵盖的技术路线（2.2.3节）。

2.2.1 框架依据

泛在交互文本的泛在性、使用异质性、多功能性为用户情境解析带来了新的机遇，也为基于泛在交互文本的用户情境解析方法的可行性提供了依据。下面将从静态用户情境解析和动态用户情境解析两个方面具体阐述。

泛在交互文本的泛在性和使用异质性为基于交互文本的静态用户情境解析带来了机遇。基于交互文本的静态用户情境解析的隐私问题源于对用户在较长时间内产生的交互文本的存储和处理。相较于传统交互文本，泛在交互文本的隐私性较低，一般不会包含邮箱信息、交易信息、电话号码、个人识别码、财务信息等敏感信息。因此，使用泛在交互文本代替传统交互文本，作为静态用户情境解析的数据源，可以在很大的程度上降低隐私风险。泛在交互文本的泛在性和使用异质性为这种做法的可行性提供了依据。一方面，泛在交互文本的泛在性保证了其被各类用户在文本交互过程中广泛使用。因此，基于泛在交互文本的静态用户情境解析方法可以从各类用户的文本交互中较为容易地提取出充足的泛在交互文本使用数据，用于解析其静态用户情境。另一方面，泛在交互文本的使用异质性保证了不同静态用户情境的用户在泛在交互文本的使用上存在差异。换言之，泛在交互文本的用况对于静态用户情境具有一定的区分度。因此，基于泛在交互文本的静态情境解析在理论上具有一定的可行性。

泛在交互文本的泛在性和多功能性为基于交互文本的动态用户情境解析带来了机遇。 基于交互文本的动态用户情境解析的人工标签不足问题源于现有工作主要基于特定语言（即英语）和特定领域（即社交媒体领域）开展，造成了其他语言、其他领域的人工标签数据较少。泛在交互文本的泛在性和多功能性启发本书使用其作为人工标签的补充，为基于泛在交互文本的动态用户情境解析提供了依据。一方面，泛在交互文本的多功能性使其在文本交互过程中经常与传统交互文本协同出现，传达额外的情感、情绪、语义等信息，这些信息可以弥补人工标签不足所带来的信息缺失。具体而言，可以使用泛在交互文本作为情感等动态用户情境的代理标签，与少量的人工标签一起，用于动态用户情境解析。另一方面，泛在交互文本具有泛在性，在各语言、各领域中广泛存在。因此，以泛在交互文本作为代理标签的做法，可以广泛应用于各语言、各领域的动态用户情境解析。

2.2.2 框架概览

基于上述分析,本书提出了一套基于泛在交互文本的用户情境解析方法框架,为基于传统交互文本的静态用户情境解析中的隐私问题和动态用户情境解析中的人工标签数据不足问题提供了有效的解决方案。如图 2-2 所示,根据不同类型的用户情境(即静态用户情境和动态用户情境),本框架提出了两种不同的思路,即基于泛在交互文本的静态用户情境解析和基于泛在交互文本的动态用户情境解析。

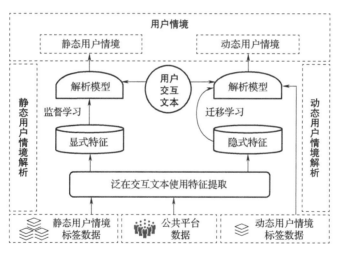

图 2-2 基于泛在交互文本的用户情境解析方法框架

静态用户情境解析:如 1.2.1.2 节所述,静态用户情境标签数据可以通过公开数据集、用户自述、自动化推断等多种方法获得，相较于动态用户情境标签数据，更为充裕。因此，本书使用静态用户情境标签数据直接训练得到静态用户情境解析模型。具体而言，考虑到不同静态用户情境的用户在泛在交互文本使用上的异质性，将从用户生成的交互文本中提取泛在交互文本使用的显式特征，用于解析年龄、性别、文化背景等静态用户情境。虽然该方法只适用于用户使用了泛在交互文本的情况，但是考虑到泛在交互文本的泛在性，该方法的适用场景较为广泛。相较于基于传统交互文本的方法，该方法只使用了泛在交互文本，泛在交互文本一般不涉及用户敏感信息，因此降低了用户隐私风险。

动态用户情境解析：相较于静态用户情境解析，动态用户情境解析具有更高的时效性，通常基于用户在较短时间内生成的交互文本开展。考虑到泛在交互文本的出现频率，动态用户情境解析无法直接使用泛在交互文本用况作为特征，需要考虑新的方法思路。回顾 1.3 节所述，对于动态用户情境解析任务，特定语言（非英语语言）、特定领域（非社交媒体领域）的人工标签数据较少，造成解析效果不佳。考虑到泛在交互文本的泛在性和在文本交互中传达额外的情感、情绪、语义等的多功能性，本书使用泛在交互文本作为各语言、各领域中情感、情绪等动态用户情境的代理标签。具体而言，从公共平台爬取不同语言、不同领域的大量泛在交互文本使用数据，从中提取泛在交互文本使用的隐式特征，再利用蕴含在这些特征中的丰富知识，弥补特定语言、特定领域中人工标签数据的不足。

2.2.3 挑战及技术路线

根据上述方法框架对于静态用户情境和动态用户情境的解析思路，本节将进一步分析这些思路背后的挑战，从而有针对性地提出具体技术路线。

2.2.3.1 基于泛在交互文本的静态用户情境解析

基于泛在交互文本的静态用户情境解析从静态用户情境标签数据中提取显式特征，训练得到静态用户情境解析模型。该方法的核心挑战为**如何从标签数据中提取出对静态用户情境有区分度的显式特征**，以及**如何利用提取出的特征训练得到静态用户情境解析模型**。

针对第一项挑战，本书提出了基于实证分析的特征工程。特征工程是把原始数据转变为模型的训练数据的过程，其目的是获取更好的训练数据特征，从而提升机器学习模型效果的上限。基于实证分析的特征工程，综合日常生活经验和现有研究中的发现，人工假设可能的特征维度，并采用数据挖掘等手段开展实证分析，最终确定用于静态用户情境解析的特征集合。

针对第二项挑战，本书提出了基于监督学习的模型训练。具体而言，对于提取出的显式特征，使用了传统的机器学习算法，基于静态用户情境标签数据，调整模型的超参数，使静态用户情境解析模型取得令人满意的效果。

具体而言，为了支撑基于泛在交互文本的静态用户情境解析，本书提出了一项关键技术，即基于监督学习的静态用户情境解析技术 EmoLens（见第 3 章）。

2.2.3.2 基于泛在交互文本的动态用户情境解析

基于泛在交互文本的动态用户情境解析从公共平台爬取不同语言、不同领域的大规模包含泛在交互文本的数据（即无标签数据），从中提取泛在交互文本使用的隐式特征，利用蕴含在这些特征中的知识，弥补特定语言、特定领域中人工标签数据的不足。该方法的核心挑战为**如何从大规模泛在交互文本使用数据中提取有效的隐式特征**，以及**如何利用提取出的特征弥补人工标签数据的不足**。

针对第一项挑战，本书提出了基于泛在交互文本预测的表征学习，通过自动化而非人工特征工程的方式，从大规模泛在交互文本使用数据中学习隐式特征。具体而言，以泛在交互文本作为动态用户情境的代理标签，基于公共平台爬取到的大规模泛在交互文本数据构建泛在交互文本预测任务，以训练得到的泛在交互文本预测模型作为表征模型。通过上述过程，表征模型学习到了泛在交互文本使用的隐式特征及其中蕴含的丰富的动态用户情境知识。

针对第二项挑战，本书提出了基于迁移学习的模型训练。迁移学习旨在利用具有大量标签数据的任务（即源任务）解决相关的且标签数据稀缺的任务（即目标任务）。具体而言，使用基于源任务中大量标签数据预训练得到的模型，来开展目标任务。假如源任务与目标任务高度相关，那么，源任务中的标签可以看作目标任务的代理标签。通过迁移学习，目标任务可以从源任务的标签数据中学习到丰富的知识（即源任务训练得到的模型中的参数），来弥补自身标签数据的不足。本书使用泛在交互文本作为动态用户情境的代理标签，因此使用泛在交互文本预测作为动态用户情境解析的源任务，实现迁移学习，即将蕴含在泛在交互文本预测模型（即表征模型）中的动态用户情境知识迁移到最终的动态用户情境解析模型中。

但是，为特定语言和为特定领域开展动态用户情境解析，具有不同的任务特性，因此又具有不同的额外挑战。如1.3节所述，为了打破现有基于交互文本的动态用户情境解析主要针对英语用户开展的现状，学术界一般采用跨语言动态用户情境解析，即将在标签充足的语言（源语言，通常指英语）上学到的知识迁移到标签稀缺的语言（目标语言）上，从而训练得到用于解析目标语言动态用户情境的模型。该做法的挑战在于如何填补英语与目标语言之间的语言鸿沟（即捕获两种语言之间共性的知识），且同时兼顾语言差异问题（即捕获目标语言个性的知识）。为了打破现有基于交互文本的动态用户情境解析主要针对社交媒体领域用户开展的现状，学术界探索了领域特定的动态用户情境解析，即为特定领域人工构建标签数据，并基于这些数据训练得到领域特定的动态用户情境解析模型。但是，人工标注耗时耗力，导致得到的标签数据量较小，如何在此情况下取得较好的动态用户情境解析效果是一项挑战。

本书从基于泛在交互文本的动态用户情境解析的技术路线出发，面对特定语言、特定领域的动态用户情境解析的不同挑战，有针对性地分别提出了具体技术，即基于迁移学习的跨语言动态用户情境解析技术 ELSA（见第 4 章）和基于迁移学习的领域特定动态用户情境解析技术 SEntiMoji（见第 5 章）。

2.3 工具实现

为了使该方法框架能够更加便于实际应用，本书对其中涉及的三项技术基于 Python Flask 框架进行了工具实现，具体包含 13 个 API（见表 2-1），可供各类客户端（例如服务器端、浏览器端、移动端等）直接调用。本节仅介绍每个 API 的功能、所需参数及返回结果，以便读者对基于泛在交互文本的用户情境解析方法框架有宏观的了解。这些 API 背后的技术支撑（即 EmoLens、ELSA 和 SEntiMoji）将在后续章节中详细介绍。

表 2-1　基于泛在交互文本的用户情境解析方法框架涉及的 API

技术	API	描述
基于监督学习的静态用户情境解析技术	uploadStaticData()	上传泛在交互文本用况及其静态用户情境标签，并指定对应的静态用户情境
	updateModel()	训练指定静态用户情境的解析模型
	getStaticAttribute()	根据上传的泛在交互文本用况和指定的静态用户情境，返回解析得到的静态用户情境标签
基于迁移学习的跨语言动态用户情境解析技术	uploadLanguageData()	上传指定语言的无标签数据
	uploadLanguageDynamicData()	上传标签数据，并指定对应的语言和动态用户情境
	updateLanguageRepresentationModel()	训练指定语言的表征模型
	updateLanguageAnalyticsModel()	训练指定语言的指定动态用户情境的解析模型
	getLanguageDynamicAttribute()	根据上传的用户文本及指定的语言和动态用户情境，返回解析得到的动态用户情境标签
基于迁移学习的领域特定动态用户情境解析技术	uploadDomainData()	上传指定领域的无标签数据
	uploadDomainDynamicData()	上传标签数据，并指定对应的领域和动态用户情境
	updateDomainRepresentationModel()	训练指定领域的表征模型
	updateDomainAnalyticsModel()	训练指定领域的指定动态用户情境的解析模型
	getDomainDynamicAttribute()	根据上传的用户文本及指定的领域和动态用户情境，返回解析得到的动态用户情境标签

基于监督学习的静态用户情境解析技术包含 3 个 API，实现了各静态用户情境的训练数据上传、解析模型训练和标签预测三种主要功能。其中，模型训练、标签预测等基于 scikit-learn[138] 实现。

uploadStaticData( )

- 功能：上传系列用户的泛在交互文本用况及其静态用户情境标签，并指定对应的静态用户情境，以便未来用于训练或更新对应的静态用户情境解析模型。

- 参数：包括 user_information 和 attribute 两个参数。其中，user_information 包括用户的泛在交互文本用况、静态用户情境标签等信息；attribute 指定了对应的静态用户情境。例如，attribute 指定为"gender"，那么上传的数据未来将用于训练或更新性别推断模型。

- 返回结果：如果数据上传成功，就返回成功的提示，否则抛出异常。

updateModel( )

- 功能：训练指定静态用户情境的解析模型。但是，若并无针对该静态用户情境的标签数据，则不进行训练。

- 参数：包括 attribute 参数，该参数指定了需要训练的静态用户情境解析模型。例如，attribute 指定为"gender"，则使用性别标签数据训练性别推断模型。

- 返回结果：如果模型训练成功，就返回成功的提示，否则抛出异常。

getStaticAttribute()

● 功能：上传用户的泛在交互文本用况，并指定要解析的静态用户情境，返回解析的静态用户情境标签。

● 参数：与 uploadStaticData() 一样，需要输入 user_information 和 attribute 两个参数，其中，user_information 指定了用户的泛在交互文本用况，attribute 指定了需要解析的静态用户情境。

● 返回结果：解析的静态用户情境标签。例如，attribute 指定为"gender"，则返回解析的性别标签。

基于迁移学习的跨语言动态用户情境解析技术包含 5 个 API，实现了各语言的无标签数据（即大规模包含泛在交互文本的数据）上传、各语言的各动态用户情境对应的标签数据上传、表征模型训练、解析模型训练和标签预测 5 种主要功能。其中，表征模型训练、解析模型训练、标签预测等基于 TensorFlow[139] 实现。

uploadLanguageData()

● 功能：上传指定语言的大规模无标签数据，用于未来训练表征模型。

● 参数：包括 text 和 language 两个参数。text 是无标签文本数据，language 指定了对应的语言。例如，指定 language 为"English"，则上传的无标签文本数据未来将用于训练或更新英语的表征模型。

● 返回结果：如果数据上传成功，就返回成功的提示，否则抛出异常。

uploadLanguageDynamicData( )

- 功能：上传指定语言的指定动态用户情境所需的标签数据。由于 ELSA 的输入数据要求（将在第 4 章中具体介绍），此处需要上传指定动态用户情境的英语标签数据及其在指定语言上的译文，即双语标签数据。

- 参数：包括 text、language、attribute 3 个参数。text 是双语标签数据，language 指定了语言，attribute 指定了对应的动态用户情境。例如，language 指定为"French"，attribute 指定为"sentiment"，则上传的数据未来将用于训练法语的情感分析模型。

- 返回结果：如果数据上传成功，就返回成功的提示，否则抛出异常。

updateLanguageRepresentationModel( )

- 功能：训练指定语言的表征模型。但是，若并无针对该语言的无标签数据，则不进行训练。

- 参数：包括 language 参数，指定了语言。例如，language 指定为"French"，则训练法语的表征模型。

- 返回结果：如果表征模型训练成功，就返回成功的提示，否则抛出异常。

updateLanguageAnalyticsModel( )

- 功能：训练指定语言的指定动态用户情境的解析模型。但是，若并无针对该目标语言的该动态用户情境的双语标签数据，则不进行训练。

- 参数：包括 language 和 attribute 两个参数。language 指定了目标语言，attribute 指定了需要训练的动态用户情境解析模型。例如，language 指定为"French"，attribute 指定为"sentiment"，则训练法语的情感分析模型。
- 返回结果：如果解析模型训练成功，就返回成功的提示，否则抛出异常。

getLanguageDynamicAttribute( )

- 功能：上传收集的用户文本，并指定语言和需要解析的动态用户情境，返回解析得到的动态用户情境标签。
- 参数：与 uploadLanguageDynamicData( ) 一样，需要输入 text、language 和 attribute 3 个参数，其中，text 传入用户文本，language 指定该文本对应的语言，attribute 指定需要解析的动态用户情境。
- 返回结果：解析的动态用户情境标签。例如，attribute 指定为"sentiment"，则返回解析的情感标签。

基于迁移学习的领域特定动态用户情境解析技术包含 5 个 API，实现了各领域的无标签数据上传、各领域的各动态用户情境的标签数据上传、表征模型训练、解析模型训练和标签预测 5 种主要功能。其中，表征模型训练、解析模型训练、标签预测等基于 TensorFlow[139] 实现。

uploadDomainData( )

- 功能：上传指定领域的大规模无标签数据，用于未来训练表征模型。

- 参数：包括 text 和 domain 两个参数。text 传入无标签文本数据，domain 指定了对应的领域。例如，指定 domain 为"SE"，则上传的无标签文本数据未来将用于训练或更新软件工程领域的表征模型。
- 返回结果：如果数据上传成功，就返回成功的提示，否则抛出异常。

uploadDomainDynamicData( )

- 功能：上传指定领域的标签数据，同时指定对应的动态用户情境。
- 参数：包括 text、domain、attribute 3 个参数。text 传入标签文本，domain 指定领域，attribute 指定了对应的动态用户情境。例如，domain 指定为"SE"，attribute 指定为"emotion"，那么上传的数据未来将用于训练或更新软件工程领域的情绪分析模型。
- 返回结果：如果数据上传成功，就返回成功的提示，否则抛出异常。

updateDomainRepresentationModel( )

- 功能：训练指定领域的表征模型。但是，若并无针对该领域的无标签数据，则不进行训练。
- 参数：包括 domain 参数，指定了领域。例如，domain 指定为"SE"，则训练软件工程领域的表征模型。
- 返回结果：如果表征模型训练成功，就返回成功的提示，否则抛出异常。

updateDomainAnalyticsModel( )

● 功能：训练指定目标领域的指定动态用户情境的解析模型。但是，若并无针对该领域的该动态用户情境的标签数据，则不进行训练。

● 参数：包括 domain 和 attribute 两个参数。domain 指定了领域，attribute 指定了需要训练的动态用户情境解析模型。例如，domain 指定为"SE"，attribute 指定为"emotion"，则训练软件工程领域的情绪分析模型。

● 返回结果：如果解析模型训练成功，就返回成功的提示，否则抛出异常。

getDomainDynamicAttribute( )

● 功能：上传收集的用户文本，并指定领域和需要解析的动态用户情境，返回解析得到的动态用户情境标签。

● 参数：与 uploadDomainDynamicData( ) 一样，需要输入 text、domain 和 attribute 3 个参数，其中，text 传入用户文本，domain 指定领域，attribute 指定需要解析的动态用户情境。

● 返回结果：解析的动态用户情境标签。例如，attribute 指定为"emotion"，则返回解析的情绪标签。

2.4 小结

本章介绍了泛在交互文本及其特性，为基于交互文本的用户情境解析提供了新的洞见，进而提出了一套基于泛在交互文本的用户情境解析方法框架。该框架使用泛在交互文本用况作为显式特征，通过监督学习得到静态用户情境解析模型，缓解基于传统交互文本的方法所带来的隐私风险；以泛在交互文本作为动态用户情境的代理标签，从公共平台上收集大量包含泛在交互文本的数据，通过表征学习从中提取泛在交互文本使用的隐式特征，再通过迁移学习的方式将这些隐式特征中蕴含的丰富知识迁移到动态用户情境解析模型中，弥补特定语言、特定领域中人工标签数据的不足。此外，对上述方法框架进行了工具实现，提供了 13 个 API，可供各类客户端直接调用。接下来 3 章将具体介绍基于泛在交互文本的用户情境解析方法框架涵盖的三项关键技术，即基于监督学习的静态用户情境解析技术 EmoLens、基于迁移学习的跨语言动态用户情境解析技术 ELSA 和基于迁移学习的领域特定动态用户情境解析技术 SEntiMoji，并对其进行实验验证。

第 3 章

基于监督学习的静态用户情境解析技术

本章介绍第 2 章提出的基于泛在交互文本的用户情境解析方法框架中支撑静态用户情境解析的核心技术，即基于监督学习的静态用户情境解析技术 EmoLens。该技术的核心思想是以用户的泛在交互文本用况作为显式特征，通过监督学习的方式训练得到静态用户情境解析模型，避免基于传统交互文本的方法带来的隐私风险问题。具体而言，本章将阐述该技术的总体流程以及其中涉及的关键步骤（即基于实证分析的特征工程和基于监督学习的模型训练），并通过实验验证其效果。

3.1 技术概览

基于监督学习的静态用户情境解析技术 EmoLens，可以根据用户的泛在交互文本用况(即模型的输入)解析其静态用户情境(即模型的输出),其总体流程如图 3-1 所示。

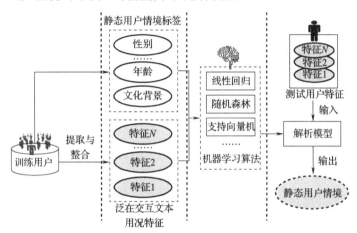

图 3-1 基于监督学习的静态用户情境解析技术 EmoLens 总体流程

具体而言,EmoLens 包含以下四个步骤。

● **用户数据收集**:根据具体任务,收集一批带有静态用户情境标签的用户(如对于性别推断任务,收集带有性别标签的用户)及其在一段时间内的泛在交互文本使用数据。

● **基于实证分析的特征工程**:借助实证分析手段,开展特征工程,从泛在交互文本使用数据中提取对于静态用户情境具有区分度的特征。

● **基于监督学习的模型训练**:在上述两个步骤的基础上,建立基于泛在交互文本用况的解析模型。具体而言,使用经典的机器学习算法(例如线性回归、随机森林、支持向量机等），通过监督学习的方式训练得到解析模型。

● **静态用户情境解析**：对于一个新的用户，提取其泛在交互文本用况特征，输入训练得到的解析模型，即可推断对应的静态用户情境标签。

接下来重点介绍 EmoLens 中的两个重要步骤（即基于实证分析的特征工程和基于监督学习的模型训练）的具体做法。

3.2 基于实证分析的特征工程

本章提出的静态用户情境解析技术 EmoLens 中的特征工程，即为从用户的泛在交互文本用况中提取一组具有物理意义或统计意义的特征，以便有效区分不同静态用户情境的用户。

具体而言，EmoLens 使用了基于实证分析的特征工程来提取有效的泛在交互文本用况特征，其流程如图 3-2 所示，具体步骤如下。

图 3-2 基于实证分析的特征工程流程

● **收集数据**：收集不同静态用户情境的用户的泛在交互文本用况数据，用于后续开展实证分析。

- **确定维度**：根据日常生活中的经验或现有研究中的发现，假设不同静态用户情境的用户在泛在交互文本使用的哪些方面可能会存在差异，并以此作为实证分析的维度。
- **实证验证**：基于收集的数据，通过统计分析、数据挖掘、数据可视化等手段，验证不同静态用户情境的用户在哪些维度上真正存在显著差异。
- **确定特征**：从存在显著差异的维度出发，定义对于静态用户情境解析任务可能有效的特征集合。

为了更好地阐述上述流程，本节以静态用户情境解析的典型任务——性别推断为例，通过基于实证分析的特征工程，提取绘文字用况中对性别推断可能有效的特征。

3.2.1 数据收集

本节所用的数据集通过 Kika 输入法收集。Kika 输入法以绘文字输入为主要功能，支持 82 种语言和 Unicode 发布的所有绘文字，被来自世界各地的上百万用户下载，是 Google Play 手机应用市场 2015 年下载量最高的 25 款应用之一。

该数据集涵盖了 134 419 个自述了性别信息的活跃用户以及这些用户在 2016 年 12 月 4 日到 2017 年 2 月 28 日之间产生的约 4 亿条交互文本。统计表明，该数据集包含 1356 种不同的绘文字，且 83.9% 的涵盖用户至少使用了一次绘文字。此外，该数据集具有下述三个特点，确保了本节研究的可行性。

- 首先，数据集中的元信息（包括用户的性别和国籍）

由用户自愿报告，准确率较高，有助于分析绘文字用况的性别差异，并为性别推断提供了标签数据。但是，由于 Kika 输入法信息收集的局限性，该数据集只涵盖了二元性别（即女和男）。具体而言，在该数据集中，女性用户占 53%，男性用户占 47%。

- 其次，该数据集涵盖了来自 183 个国家和地区的 58 种语言的用户，保证了用户的多样性和代表性，并且为评估 EmoLens 在多种语言的用户上的效果提供了可能。
- 最后，由于输入法在系统级别运行，该数据集涵盖了各种应用软件中的交互文本，而不是像现有工作[18,29,140]一样仅限于某一款应用软件（例如推特），所以研究结果更全面、更有代表意义，而不是只适用于推特等特定软件。

用户隐私和道德考虑：该数据集是 Kika 输入法为了提升用户体验，通过明确的用户协议以及严格的数据收集、传输和存储方式而收集的。本书在对数据的使用过程中采取了谨慎的步骤来保护用户隐私并维护研究的道德规范。首先，这部分研究得到作者所在机构的研究伦理委员会批准。其次，在提供给作者前，Kika 输入法对数据进行了完全的匿名化处理。最后，数据在具有 HIPPA 规范的私有云服务器上进行存储和处理，并具有 Kika 输入法授权的严格访问权限。整个研究过程符合 Kika 公司的公共隐私政策和数据挖掘研究领域常用的实践规范。

3.2.2 实证分析

本节将介绍如何基于收集的上述数据确定分析维度和进行实证验证。具体而言，从使用频率、使用偏好和情感表达三个维度来比较女性用户和男性用户在绘文字用况上的差异。下面将阐述这三个维度的洞见和分析结果。

3.2.2.1 使用频率

现有研究[141-142]表明，在线下沟通中，女性比男性面部表情和肢体语言更丰富。类比到线上文本交互过程，泛在交互文本的功能和面部表情、肢体语言类似。因此，男、女用户在泛在交互文本的使用频率上也可能存在差异。

本节使用包含绘文字的交互文本的比例（% emoji-msg）来度量绘文字的使用频率。结果表明，女性的交互文本中 7.96% 包含绘文字，男性的交互文本中 7.02% 包含绘文字。为了验证该差异的显著性，使用了 z 检验[143]对这两个比例进行统计检验。结果表明，女性用户的交互文本中包含绘文字的比例显著高于男性用户（p-value≪0.01）。

为了进一步理解使用频率上的差异，计算了女性用户和男性用户的绘文字用况的百分比累积分布图。如图3-3所示，女性用户和男性用户的累积分布曲线都很平滑，而女性用户的曲线更平坦，说明较高比例的女性用户倾向于在更多的交互文本中使用绘文字。例如，43.9% 的女性用户在超过 5%

的交互文本中使用了绘文字,相较之下,仅 29.2% 的男性用户在超过 5% 的交互文本中使用了绘文字。

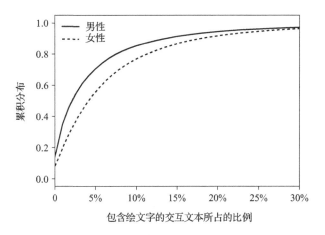

图 3-3 男、女用户绘文字用况的累积分布

为了确保上述结果的可靠性,将数据集分为 3 个月,并比较每个月中女性用户和男性用户的绘文字用况差异。3 个月的统计检验结果和累积分布曲线均表明,女性用户使用绘文字的频率高于男性用户。

3.2.2.2 使用偏好

除了使用频率上的差异以外,本节深入探究了女性用户和男性用户在绘文字使用偏好上是否存在差异。

频繁使用的绘文字:首先,比较女性用户和男性用户最常用的绘文字。如图 3-4 所示,女性用户和男性用户对不同绘文字的使用百分比均遵循长尾分布。女性用户最常用的 10 种绘文字依次是😂、❤、😍、🙈、😭、😊、💕、😌、💜和☺；男性用户最常用的 10 种绘文字依次是😂、😍、❤、🙈、😭、😊、😌、😈和💕。可以发现，女性用户和男性用户最常用的绘文字中有 8 种是重合的。

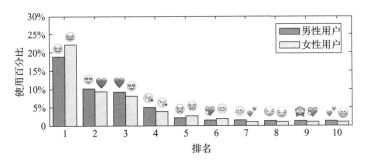

图 3-4　男、女用户最常用的 10 种绘文字

其次，从图 3-4 的分布中可以观察到两个有趣的现象。第一，最流行的绘文字😂占男性用户绘文字总用量的 18.9%，占女性用户绘文字总用量的 22.1%。这 3.2% 的差异是不可忽略的，甚至高于女性用户和男性用户第五常用的绘文字😭的总用量。在😂上的使用差异造成了女性用户的绘文字使用分布更加偏斜。第二，尽管女性用户和男性用户最常用的绘文字存在较大的交集，但是❤、😍、💕、😌、💕在女性用户和男性用户上的偏好排序却是不同的。

有区分度的绘文字：从图 3-4 中的第五个绘文字往后，

女性用户和男性用户开始出现了不同的偏好。本节将从这些不太流行的绘文字入手,探究绘文字使用偏好上的性别差异,找出与某些性别具有高度相关性的绘文字偏好。为此,使用了互信息(mutual information,MI)来度量特定绘文字的用况与性别之间的互依赖(mutual dependence)。MI 越高的绘文字,在区分女性用户和男性用户上越具有信息量,即为更有区分度的绘文字。具体而言,使用 $Y\epsilon\{1,0\}$ 来表示用户的性别(0 表示女性,1 表示男性),使用 $X\epsilon\{1,0\}$ 来表示一个用户是否使用了某绘文字(0 表示未使用,1 表示使用了),则绘文字 e 的 MI 可以使用以下公式来计算:

$$\text{MI}(X;Y) = \sum_{x \in X}\sum_{y \in Y} p(x,y)_e \log \frac{p(x,y)_e}{p(x)_e p(y)_e} \quad (3.1)$$

其中,$p(x)_e$ 与 $p(y)_e$ 指 x 与 y 的边际概率,$p(x,y)_e$ 指 x 和 y 的联合概率。例如,$p(0,0)_e$ 表示绘文字 e 从未被男性用户使用的概率。

表 3-1 列出了 MI 最高的 10 种绘文字(即对性别最具有区分度的 10 种绘文字),包括👭、🎂、💅等。此外,对于每种绘文字 e,计算了 $p(\text{Female}|e)$ 和 $p(\text{Male}|e)$,分别表示绘文字 e 的用户是女性和男性的概率。如 3.2.1 节所述,本节数据集中 53% 的用户是女性,47% 是男性。因此,可以将 $p(\text{Male}|e)>0.47$ 的绘文字定义为男性绘文字,其他绘文字为女性绘文字。结果表明,女性绘文字的数目远多于男性绘文字,且表 3-1 所示的 10 种最具有区分度的绘文字均为女性

绘文字(即使用了表 3-1 的绘文字的用户更有可能是女性),这一结果与语言学领域的研究发现[29]一致。此外,本节也发现了一些男性绘文字,例如,⚽、🍺 和♂。通过对比,可以发现女性绘文字比男性绘文字更加丰富和富有色彩。女性绘文字和男性绘文字的存在印证了女性用户与男性用户在绘文字使用偏好上存在一定的差异。

表 3-1 对男、女用户最具有区分度的 10 种绘文字

排名	MI	绘文字 e	$p(\text{Male}|e)$	$p(\text{Female}|e)$
1	0.0223		0.126	0.874
2	0.0160		0.236	0.764
3	0.0145		0.275	0.725
4	0.0139		0.232	0.768
5	0.0139		0.267	0.733
6	0.0120		0.225	0.775
7	0.0111		0.187	0.813
8	0.0104		0.310	0.690
9	0.0096		0.292	0.708
10	0.0094		0.203	0.797

共现的绘文字:更进一步地讲,本节将探究女性用户和男性用户最常一起使用的绘文字(即共现的绘文字)。为了研究绘文字的共现,为女性用户和男性用户分别创建了绘文字共现网络。共现网络中的结点是绘文字,两个结点之间的边的权重使用点间互信息(point mutual information,PMI)

来度量：

$$\text{PMI}(e_1, e_2) = \log \frac{p(e_1, e_2)}{p(e_1)p(e_2)} \tag{3.2}$$

其中，$p(e_1)$ 表示一条交互文本中包含绘文字 e_1 的概率，$p(e_2)$ 表示一条交互文本中包含绘文字 e_2 的概率，$p(e_1, e_2)$ 表示一条交互文本中同时包含 e_1 和 e_2 的概率。

在共现网络中，将每种绘文字和其 PMI 最高的五种绘文字连接，连接的边的权重即为对应的 PMI 值。然后，使用 Gephi[144] 的社区检测算法，从女性用户和男性用户的绘文字共现网络中分别检测出了 55 个及 56 个社区。同一个社区内的结点之间有较强的连接（即更大的 PMI），不同社区内的结点之间的连接则更弱（即更小的 PMI）。

通过比较女性用户和男性用户的绘文字共现网络，可以发现一些有趣的现象。例如，在两个网络中都可以观察到与运动相关的社区（包含⚽和🏀等绘文字）。但是，男性用户倾向于将这类绘文字与🏅和🏆等一起使用，而女性用户更喜欢将这类绘文字与💦、🛁、💧等一起使用。这表明，女性用户和男性用户在提及运动时，也许在讨论不同的东西。另一个有趣的例子是，女性用户经常将与衣服和鞋子相关的绘文字与👜一起使用，而男性用户的绘文字共现网络中则观察不到该现象。这些发现均表明，女性用户和男性用户在共现的绘文字上存在一定的差异。

3.2.2.3 情感表达

心理学研究表明，女性比男性更情绪化，且更具有表现力[145]。在线上文本交互中，绘文字的主要功能之一就是表达情绪，因此，本节探究女性用户和男性用户在基于绘文字的情感表达上是否存在一定的差异。

为了得到绘文字的情感信息，本节基于每种绘文字在 Unicode 官网上的名字和注释，使用 LIWC 情感分析工具[78]来计算其情感分数。LIWC 为每种绘文字计算出了一个正面分数 posemo 和一个负面分数 negemo，本节将 posemo>negemo 的绘文字记为正面绘文字，将 posemo<negemo 的绘文字记为负面绘文字。然后，分别计算了女性用户和男性用户的正面绘文字及负面绘文字的用量比例，并使用 z 检验来度量两个比例之间的差异。考虑到此处使用了多重假设检验（multi-hypothesis test），本节使用了 Bonferroni 校正法[146]来调整 z 检验所获得的 p 值，以便获得更严格和可靠的结果。统计结果显示，女性用户比男性用户更爱使用正面绘文字（女性：50.87%，男性：50.25%，p-value≪0.01）和负面绘文字（女性：10.11%，男性：9.42%，p-value≪0.01），这与心理学中认为女性比男性更情绪化的观点[145]一致。

除了总体用量比例以外，本节深入探究了女性用户和男性用户在典型的情绪化绘文字（即脸形绘文字和心形绘文字）上的用况。本节数据集涵盖了 69 个脸形绘文字和 15 个心形绘文字，这 84 个绘文字占了女性绘文字总用量的 75.8% 和男性绘文字总用量的 75.5%。事实上，这两类绘文字完美契合了线下沟通中的两种典型场景：一是女性被证明在线下沟通中具有更多的面部活动[141-142,147]。在线上文本交互中，脸形绘文字通过眼睛、眉毛或嘴巴的形状来强调了面部活动，不同的形状传达了不同的情绪和语义，例如开心（😀）、失落（😔）、愤怒（👿）等。二是女性被证明更爱在日常生活中表达爱意[148-150]。在线上文本交互中，心形绘文字通过心的颜色和形状（例如❤️、💔、🖤等）直接传达爱意。那么，这是否意味着女性用户相较于男性用户，会使用更多的脸形绘文字和心形绘文字？

为了回答这个问题，本节计算了女性用户和男性用户的脸形绘文字与心形绘文字的用量比例。结果显示，女性用户比男性用户更爱使用脸形绘文字（女性：58.17%，男性：56.11%，p-value≪0.01），这个发现与线下沟通的相关研究结果[141-142,147]一致。但是，男性用户却比女性用户更爱使用心形绘文字（女性：17.62%，男性：19.41%，p-value≪0.01），这与心理学中认为女性更乐于在生活中表达爱意的观点[148-150]相反。该发现暗示，尽管男性在线下生活中不擅长表达爱意，但是在线上文本交互中则更乐于表达。总地来说，通过本节的探究，可以发现，女性用户和男性用户在绘文字的情感表达上存在一定的差异。

3.2.3 特征提取

经过上述探究,可以发现,女性用户和男性用户在泛在交互文本的使用频率、使用偏好和情感表达三方面均存在一定的差异。基于这些差异,本节对应地设计了3组合计1370个特征(见表3-2),并为每个用户分别提取了这些特征。这些特征虽然是以绘文字和性别推断为实例提取的,但是可以直接复用到其他基于泛在交互文本的静态用户情境解析任务中。因此,表3-2所列特征并未特定到绘文字。

表3-2 用于静态用户情境解析的泛在交互文本用况特征

特征维度	特征数目	特征描述
使用频率	9	泛在交互文本总体使用频率、在一条交互文本中使用泛在交互文本的平均/最大/中位数目、只包含泛在交互文本的交互文本比例、只包含一个泛在交互文本的交互文本比例、包含多个不连续泛在交互文本的交互文本比例、包含多个连续泛在交互文本的交互文本比例、包含重复的相同泛在交互文本的交互文本比例
使用偏好	1356	每种泛在交互文本的用量占所有泛在交互文本用量的比例
情感表达	5	正面泛在交互文本的用量比例、负面泛在交互文本的用量比例、包含正面泛在交互文本的交互文本比例、包含负面泛在交互文本的交互文本比例、同时包含正面泛在交互文本和负面泛在交互文本的交互文本比例

下面将具体介绍这3组特征。

使用频率:3.2.2.1节的结果显示,女性用户更爱在文本交互中使用绘文字,这促使本节将泛在交互文本使用频率作为特征。但是,仅使用泛在交互文本总体使用频率作为特征是不够的,会错失泛在交互文本用况中许多与频率相关的有趣特征。例如,用户可能在一条交互文本中使用多个泛在交互文本,可以是重复相同的泛在交互文本,或者使用不同的泛在交互文本。此外,用户有时使用泛在交互文本构成了整个交互文本的内容。这些模式可能与用户使用泛在交互文本的意图相关[151]。为了完全捕获与泛在交互文本使用频率相关的这些模式,本节构造了 9 个特征。除了泛在交互文本总体使用频率以外,其余 8 个特征如下:

首先,对于每条包含泛在交互文本的交互文本,计算其中使用的泛在交互文本数目,并按用户汇总这些数目。具体而言,对于每个用户,计算包含泛在交互文本的交互文本中泛在交互文本数目的平均/最大/中位数。其次,识别在某些模式下使用泛在交互文本的交互文本,并计算这些交互文本所占的比例。具体而言,这些模式包括交互文本中只包含泛在交互文本、包含单个泛在交互文本、包含不连续的泛在交互文本、包含多个连续的泛在交互文本和包含重复的相同泛在交互文本。

使用偏好:3.2.2.2 节的结果显示,女性用户和男性用户在绘文本的使用偏好上存在一定的差异。因此,在性别推断任务中,用户对不同泛在交互文本的用量比例可能是具有信息量的。为此,本节计算每个泛在交互文本的用量占泛在交互文本总用量的比例作为特征。占比越高的泛在交互文本，用户对其偏好程度越大。为此，可以从本节数据集中提取1356个特征用于后续性别推断。此外，3.2.2.2节中还发现了女性用户和男性用户有不同的绘文字共现模式。但是，此模式导致的特征数目较多，为了避免过拟合，本书在模型中未使用此类模式。

情感表达：3.2.2.3节的结果显示，女性用户和男性用户在绘文字的情感表达上存在一定的差异。据此，本节考虑了以下5个特征。对于每个用户，计算正面泛在交互文本和负面泛在交互文本的用量比例、包含正面泛在交互文本的交互文本比例、包含负面泛在交互文本的交互文本比例、同时包含正面泛在交互文本和负面泛在交互文本的交互文本比例。

3.3 基于监督学习的模型训练

基于收集的用户数据和提取的特征数据，可以通过监督学习的方式训练得到静态用户情境解析模型。具体而言，训练过程可以分为以下3个步骤。

确定训练算法：根据静态用户情境解析任务确定训练算法。对于分类任务，选用常用的分类算法；对于回归任务，选用常用的回归算法。以分类任务为例，可以使用Ridge分类算法、随机森林算法、梯度提升分类算法和支持向量机分类算法等。

确定评价指标：根据静态用户情境解析任务确定评价指标。对于分类任务，使用准确率、精确率、召回率和 F1 值等指标；对于回归任务，选用平均绝对误差、均方误差和均方根误差等指标。

调整模型超参数：基于用户数据、训练算法、评价指标，可以训练得到推断模型。例如，可以直接使用 scikit-learn[152] 包中实现的算法和其默认超参数，训练得到常见的分类器。但是，在某些情况下，需要优化模型的超参数，以便获得更佳的解析效果。为了优化超参数，可以在训练数据上开展五折交叉验证。具体而言，将训练数据随机划分为五等份，每次选取四份作为训练数据，剩余一份作为测试数据，五次度量不同超参数设置下评价指标的值。最后，选取评价指标最优的情况下的超参数设置作为最终的超参数设置，使用全部训练数据训练得到解析模型。但是，每种机器学习算法超参数众多，且超参数的取值也无法穷举，一般需要根据经验来确定待调整的参数及其取值范围。

3.4 实验验证

为了验证本书提出的基于监督学习的静态用户情境解析技术 EmoLens 的效果，本节以基于绘文字的性别推断为实例开展实验验证。性别推断是静态用户情境解析的典型任务，绘文字是典型的泛在交互文本，以基于绘文字的性别推断作为实例,具有一定的代表性。

3.4.1 待验证的问题

具体而言,本节验证如下几个问题:

问题 1:EmoLens 在性别推断上的总体效果如何?

问题 2:EmoLens 能否适用于各语言用户?

问题 3:EmoLens 对于绘文字使用不频繁的用户,解析效果如何?

问题 4:EmoLens 与基于传统交互文本的方法相比,解析效果如何?

3.4.2 实验设置

首先,介绍实验中的设置,包括实验使用的数据集、基线方法、评价指标和模型设置等。

3.4.2.1 数据集

本节使用 3.2.1 节中 Kika 输入法收集的用户数据开展性别推断。为了获得更可靠的结果,在回答问题 1 和问题 2 时只考虑至少有 100 次包含绘文字的文本交互的用户。然后,筛选出的 39 372 个用户被随机划分为两个数据集,即包含 31 872 个用户的训练集和包含 7500 个用户的测试集。在回答问题 3 时,以绘文字使用频次少于 100 的用户作为测试集。在回答问题 4 时,因为现有基于传统交互文本的性别推断方法主要针对英语文本开展，所以选用了4156个英语用户作为实验对象。

需要注意的是，本数据集除了包含用户输入的绘文字以外，同样包含了用户的其他交互文本数据。但是，此类文本数据仅被用于两种途径：一是推断用户的语言，以便验证 EmoLens 在各语言用户上的效果（即问题2）；二是复现现有的基于传统交互文本的性别推断方法，以便回答问题4。关于数据收集、传输、存储、处理中的隐私和道德考虑在 3.2.1 节中已做阐述，此处不再赘述。

3.4.2.2 基线方法

对于问题1、问题2和问题3，使用统一猜测作为简单基线方法，即推断测试集中全部为男性或全部为女性，使用两种情况下较高的评价指标值作为基线。

对于问题4，使用 Sap 等[25]提出的基于传统交互文本的方法作为基线方法。该方法基于不同性别的英语用户在 Facebook、推特和博客上的词用况，提取出对性别具有区分度的词作为特征，并且被证明在社交媒体用户上性别推断准确率可以达到91.9%。

3.4.2.3 评价指标

本节选用准确率（accuracy）来衡量测试集中被正确推断的用户比例。此外，考虑了在男性用户和女性用户上的精确率，即被推断为男性的用户中真正是男性的比例（precision_M）和被推断为女性的用户中真正是女性的比例（precision_F）。采用这两种精确率指标的原因是，在真实应用（例如在线广告[153]）中，常为模型具有把握的用户提供定制化服务，为模型不确定的用户提供通用服务，以便节省广告投放费用。因此，对于性别推断任务而言，获得较高的精确率极为重要。

3.4.2.4 模型设置

本节使用 Ridge 分类算法（Ridge）、随机森林算法（RF）、梯度提升分类算法（GBC）和支持向量机分类算法（SVC）作为训练算法，以 3.2.3 节中提取的 1370 种特征作为训练特征，训练得到基于绘文字的性别推断模型。这些算法涵盖了线性算法、基于树的算法、支持向量机算法，具有一定的代表性。

在模型训练过程中，一方面，使用 scikit-learn 中的默认超参数训练得到 Ridge、RF、GBC、SVC 的基础版分类器；另一方面，使用五折交叉验证的方法在训练集上调参（调参方法详见 3.3 节），得到优化版分类器。具体而言，对于 Ridge，调整了 regularization strength 和 normalization 参数；对于 RF 和 GBC，调整了树的数目和树的最大深度；对于 SVC，调整了 dual、penalty 和 penalization 参数。

3.4.3 实验结果

3.4.3.1 问题1：EmoLens在性别推断上的总体效果如何？

表3-3报告了各机器学习算法和基线方法在测试集上的推断效果。结果显示，即使使用默认的超参数，使用绘文字的五种算法在准确率、男性精确率和女性精确率上也全部优于基线。这表明，男、女用户绘文字用况存在差异，且差异足以用于推断性别。

表3-3 基于绘文字的性别推断的效果（括号中为调参后的效果）

模型	评价指标		
	accuracy	precision_M	precision_F
Ridge	0.702(0.718)	0.726(0.702)	0.699(0.721)
RF	0.718(0.758)	0.702(0.838)	0.721(0.743)
GBC	0.780(0.811)	0.769(0.775)	0.784(0.826)
SVC	0.713(0.741)	0.729(0.717)	0.711(0.747)
基线	0.653	0.347	0.653

借助调参，GBC算法可以取得最高的准确率以及女性精确率，而RF取得最高的男性精确率。GBC的准确率高达0.811，超过基线方法的24%。此外，尽管数据集中性别分布非常不平衡（即65.3%的女性用户和34.7%的男性用户），但是GBC的男性、女性精确率仍然相当均衡，表明了

模型推断效果的合理性。

3.4.3.2 问题2：EmoLens 能否适用于各语言用户？

由于自然语言处理的复杂性，所以现有的基于传统交互文本的方法通常面临跨语言通用性的挑战。例如，基于英语文本训练得到的模型很难推广到日语等语言上[38]。相比之下，泛在交互文本被不同语言的用户广泛使用，因此基于泛在交互文本的性别推断模型可以直接应用到不同语言的用户上。

为了验证 EmoLens 在不同语言用户上的推断效果，本节使用 Language Identification 工具[154]识别测试集中用户的语言。然后，选择了用户数最多的10种非英语语言，即西班牙语（Spanish）、葡萄牙语（Portuguese）、菲律宾语（Tagalog）、法语（French）、意大利语（Italian）、阿拉伯语（Arabic）、印尼语（Indonesian）、马来语（Malay）、德语（German）和泰语（Thai）。这10种语言涵盖了 ISO 639-1[155]定义的4种语系。具体而言，西班牙语、葡萄牙语、法语、意大利语和德语属于印欧语系（Indo-European），阿拉伯语属于亚非语系（Afro-Asiatic），菲律宾语、印尼语和马来语属于南岛语系（Austronesian），泰语属于壮侗语系（Tai-Kadai）。不同语系的语言在传承发展上不相关，并且使用地域较为分散。本节涵盖了4种语系的10种语言，验证具有一定的代表性。

从测试集中筛选出英语和上述10种语言的用户，对应地构建了 11 个测试集。通过在这 11 个测试集上应用调参后的 GBC 模型，可以发现，EmoLens 在所有语言上都取得了令人满意的准确率、男性精确率和女性精确率。如表 3-4 所示，GBC 模型明显优于基线。例如，在意大利语用户上取得的准确率为 0.841，超过基线方法的 27%。另外，在每种语言上都取得了较为均衡的男性、女性精确率。例如，尽管泰语用户中性别分布较为不均衡（即男性和女性的比例为 0.273：0.727），但是 GBC 模型取得的男性、女性精确率较为均衡（男性精确率为 0.750，女性精确率为 0.819）。这进一步表明了在不同语言中，泛在交互文本对于静态用户情境都具有一定的推断能力。

表 3-4 基于绘文字的性别推断模型在不同语言用户上的效果（括号中为基线）

语言	语系	评价指标		
		accuracy	precision_M	precision_F
English	Indo-European	0.824(0.684)	0.744(0.316)	0.857(0.684)
Spanish	Indo-European	0.828(0.653)	0.794(0.347)	0.843(0.653)
Portuguese	Indo-European	0.841(0.665)	0.825(0.335)	0.846(0.665)
Tagalog	Austronesian	0.793(0.664)	0.770(0.336)	0.800(0.664)
French	Indo-European	0.775(0.645)	0.727(0.355)	0.794(0.645)
Italian	Indo-European	0.841(0.661)	0.793(0.339)	0.863(0.661)
Arabic	Afro-Asiatic	0.764(0.555)	0.854(0.555)	0.690(0.445)
Indonesian	Austronesian	0.756(0.617)	0.745(0.383)	0.760(0.617)

(续)

语言	语系	评价指标		
		accuracy	precision_M	precision_F
Malay	Austronesian	0.756(0.618)	0.758(0.382)	0.756(0.618)
German	Indo-European	0.783(0.617)	0.852(0.383)	0.761(0.617)
Thai	Tai-Kadai	0.808(0.727)	0.750(0.273)	0.819(0.727)

此外,从阿拉伯语用户上可以观察到一个有趣的发现。绘文字对于男性用户而言,具有极高的推断能力,男性精确率为 0.854,高出基线的 54%。但是,女性精确率仅为 0.690,是 11 种语言中最低的,一种可能的解释是文化对在线自我表现的影响[156]。

基于绘文字的性别推断模型在 11 种语言上的良好效果表明,与基于传统交互文本的方法相比,基于泛在交互文本的方法具有一定的优势。一方面,可以适用于各种语言的用户;另一方面,在各语言用户上均可取得不错的解析效果。

3.4.3.3 问题 3:EmoLens 对于绘文字使用不频繁的用户,解析效果如何?

在问题 1 和问题 2 中,选择了至少有 100 次包含绘文字的文本交互的用户。此处放宽测试集的用户限制,以便评估基于绘文字的性别推断模型在"沉默"的用户上的可行性。具体来说,选择包含 [80,100)、[60,80)、[40,60)、[20,

40)和[1,20)条绘文字交互文本的用户构造了 5 个测试集，分别包含 4206 个用户、5515 个用户、7511 个用户、12 662 个用户和 43 309 个用户。然后，将调参后的 GBC 模型应用到这些测试集上，推断效果展示于表 3-5 中。随着用户绘文字交互文本的减少，模型的准确性略有下降。这与此前基于传统交互文本的研究[25,29]中的发现一致，即用户发送的文本越少，推断其性别的准确性就越低。尽管如此，EmoLens 仍然在每个测试集上都超过了基线，这表明，泛在交互文本对于沉默的用户，也可以有效地开展静态用户情境解析。

表 3-5 基于绘文字的性别推断模型在沉默的用户上的效果

# of emoji-msg	评价指标		
	accuracy	precision_M	precision_F
[80,100)	0.748(0.618)	0.709(0.382)	0.766(0.618)
[60,80)	0.744(0.619)	0.692(0.381)	0.770(0.619)
[40,60)	0.712(0.587)	0.672(0.413)	0.635(0.587)
[20,40)	0.675(0.555)	0.635(0.445)	0.707(0.555)
[1,20)	0.608(0.548)	0.595(0.452)	0.664(0.548)

3.4.3.4 问题 4：EmoLens 与基于传统交互文本的方法相比，解析效果如何？

现有的基于传统交互文本的性别推断方法主要基于英语文本开展。例如，Sap 等[25]从不同性别的英语用户在 Facebook、推特和博客上的词用况，提取出对性别具有区分度的词典。本小节中，将 EmoLens 与 Sap 等[25] 提出的基于传统交互文本的模型进行比较。

为了构建可比较的数据集，选择了由 Language Identification 工具识别出的英语用户。然后，筛选出至少有 50 次文本交互包含绘文字的用户，确保为模型训练提供足够的数据。最终，剩余的 4156 个用户被随机划分为训练集（3306 个用户）和测试集（850 个用户），测试集中包含 564 位女性用户（66.4%）和 286 位男性用户（33.6%）。为了全面地比较，此处实现以下 4 个模型，并比较其效果。

● 首先，将 Sap 等[25] 发布的模型[100]（称为公开的传统文本模型）应用于测试用户。该模型基于一万多名英语用户的文本进行训练，并被证明在社交媒体领域效果较好。

● 其次，为了确保基于传统交互文本和基于绘文字的方法之间的公平比较，使用相同的数据训练两个模型。具体而言，按照 Sap 等[25] 的描述，使用 3306 个训练用户的交互文本重新训练得到了新的模型（称为重训的传统文本模型），使用 3306 个训练用户的绘文字用况训练得到了新的绘文字模型。

● 最后，为了探究引入特定语言的语义是否可以进一步提升基于绘文字的模型的效果，此处根据绘文字的语义最近邻居词，而不是其官方名字和注释，重新计算了其情感分数。具体而言，遵循现有工作[120]，应用最先进的嵌入算法

LINE[157]，并使用其二阶接近度来获取每个绘文字的最近邻居词。然后，使用每个绘文字的最近邻居词的 LIWC 情感分数的平均值作为其新的情感分数，并对应地更新绘文字模型的特征，得到的新绘文字模型称为语义绘文字模型。注意，文本在此处的唯一作用是推断绘文字的语义（即计算其最近邻居词），而性别推断仍然仅基于绘文字。

除了公开的传统文本模型以外，其他三个模型都使用了默认超参数和调优超参数进行训练，调参的方法参照 3.3 节中的描述。这 4 个模型的测试效果如表 3-6 所示，基于这些结果，有下述发现：

表 3-6 基于传统交互文本和基于绘文字的方法的效果对比（括号中为调参后的效果）

模型	评价指标		
	accuracy	precision_M	precision_F
公开的传统文本模型	0.800	0.693	0.858
重训的传统文本模型	0.718(0.855)	0.871(0.794)	0.706(0.885)
绘文字模型	0.736(0.758)	0.728(0.744)	0.738(0.761)
语义绘文字模型	0.739(0.769)	0.746(0.747)	0.738(0.775)
基线	0.664	0.336	0.664

- **公开的传统文本模型与重训的传统文本模型**：在默认的超参数设置下，公开的传统文本模型可以取得 0.800 的高准确率，而重训的传统文本模型的准确率仅为 0.718。一个可能的原因是，公开的传统文本模型虽然基于大规模的训练

语料，但是其训练语料的数据分布和用于测试的数据的分布不同。

- **绘文字模型与重训的传统文本模型**：基于相同的训练集时，绘文字模型和重训的传统文本模型在默认的超参数设置下，可以获得相当的准确率（即 0.736 和 0.718）。除非采用详尽的超参数搜索，否则绘文字模型具有较高的女性精确率。相反，重训的传统文本模型具有更高的男性精确率。这样的结果表明，绘文字模型的推断能力与重训的传统文本模型相当。与绘文字模型相比，超参数调整对重训的传统文本模型带来的改进更大。考虑到重训的传统文本模型具有更高的自由度，这个现象是合理的。

- **绘文字模型与语义绘文字模型**：富含特定语义的语义绘文字模型，相较于普通的绘文字模型，可以取得更好的效果。这个结果表明，可以通过使用特定语言的知识（不一定是交互文本内容）进一步提高绘文字模型的效果。

3.5 小结

本章介绍了基于泛在交互文本的静态用户情境解析的关键技术 EmoLens，该技术仅依赖于用户输入的泛在交互文本，缓解了现有基于传统交互文本的方法带来的隐私风险问题。具体而言，EmoLens 以用户的泛在交互文本用况作为特征，通过监督学习的方式训练得到静态用户情境解析模型，其核心步骤为基于实证分析的特征工程和基于监督学习的模型训练。此外，以性别推断这一典型的静态用户情境解析任务为实例，基于Kika输入法收集的大规模真实用户数据，验证了该技术的效果。实验结果表明，EmoLens的解析准确率可达0.811，相比于基线方法，提升了约23%，且解析效果与基于传统交互文本的方法相当，并可泛化到不同语言的用户上。

第 4 章

基于迁移学习的跨语言动态用户情境解析技术

在第 2 章提出的基于泛在交互文本的用户情境解析方法框架的基础上，本章介绍针对基于交互文本的动态用户情境解析的语言现状所提出的关键技术，即基于迁移学习的跨语言动态用户情境解析技术 ELSA。

如 1.3 节所述，为了打破现有基于交互文本的动态用户情境解析主要针对英语用户开展的现状，学术界开始探索跨语言动态用户情境解析，即将标签充足的语言（源语言，通常指英语）上学到的知识迁移到标签稀缺的语言（目标语言）上，从而训练得到用于解析目标语言动态用户情境的模型。该做法的挑战在于如何填补英语与目标语言之间的语言鸿沟（即捕获两种语言之间共性的知识），且同时兼顾语言差异问题（即捕获目标语言个性的知识）。

针对上述挑战，在跨语言动态用户情境解析的设置下，

第4章 基于迁移学习的跨语言动态用户情境解析技术

ELSA 采用了泛在交互文本充当源语言和目标语言中动态用户情境的代理标签，同时充当两种语言之间的桥梁。具体而言，泛在交互文本表达情感、情绪、语义等的多功能性启发本书使用其作为情感等动态用户情境的代理标签，泛在交互文本各语言流行的泛在性启发本书为每种语言学习泛在交互文本赋能的表征模型。学习得到的两种语言的表征模型中既蕴含了跨语言的泛在交互文本使用模式，又蕴含了语言特定的泛在交互文本使用模式。跨语言的泛在交互文本使用模式可以与机器翻译一起作为桥梁，捕获源语言和目标语言的共性知识，填补语言之间的鸿沟。语言特定的泛在交互文本使用模式可以帮助捕获语言个性的知识，缓解跨语言动态用户情境解析中的语言差异问题。

具体而言，ELSA 首先分别构建源语言和目标语言的泛在交互文本预测任务，学习源语言和目标语言中泛在交互文本与传统交互文本如何一起使用，得到两种语言各自特定的表征。其次，通过机器翻译技术的辅助，整合这些表征，通过迁移学习的方式，预测源语言中丰富的动态用户情境标签。区别于现有工作借助机器翻译强制对齐两种语言表征的做法[106-107]，ELSA 学习到的两种语言表征，不仅捕获了源语言和目标语言之间共性的知识，也学习到了语言特定的知识，使表征和下游的动态用户情境解析任务不再被源语言的知识所主导。

本章将具体介绍 ELSA 的工作流程，重点阐述其中涉及的关键步骤，并实验验证其效果。

4.1 技术概览

遵循过往跨语言动态用户情境解析工作[106-107]，ELSA 考虑篇章层面的动态用户情境解析。为了更好地阐述 ELSA 的工作流程，首先介绍其中涉及的数据。在 ELSA 的跨语言动态用户情境解析设置下，除了英语的标签篇章（L_S）以外，还用到了大规模富含泛在交互文本的英语无标签数据（U_S）和目标语言无标签数据（U_T）。这类无标签数据可以较为容易地从推特等社交媒体平台爬取到。本章将 U_S 和 U_T 中包含泛在交互文本的那部分文本交互数据分别记作 E_S 和 E_T。

基于这些数据，ELSA 的任务为仅依赖英语的标签篇章（L_S）以及英语和目标语言的无标签数据（U_S、U_T、E_S 和 E_T），训练得到可以表征目标语言的动态用户情境解析模型。最终，使用目标语言的小规模标签篇章（L_T），来验证得到的动态用户情境解析模型的效果。

ELSA 工作流程如图 4-1 所示，包含以下 10 个具体步骤：在步骤①和步骤②中，为源语言和目标语言分别学习句子表征模型。具体而言，对于每种语言，从推特上收集大规模推文，使用 Word2Vec，采用无监督学习的方式学习词向量。基于这些词向量，通过预测推文中的泛在交互文本来学习更高层面的句子表征。学习句子表征的过程即为动态用户情境

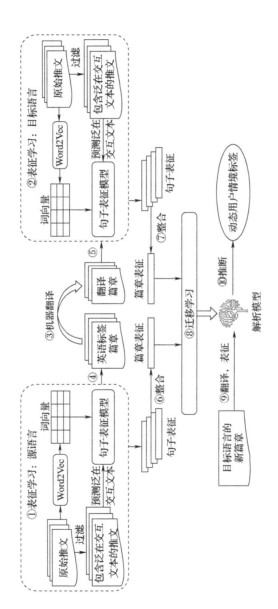

图4-1 基于迁移学习的跨语言动态用户情境解析技术ELSA工作流程

解析的源任务构建过程，其中，泛在交互文本可以看作动态用户情境的代理标签。步骤③使用谷歌翻译将英语标签篇章翻译成目标语言。步骤④和步骤⑤将英语标签篇章和翻译篇章逐句输入步骤①和步骤②得到的表征模型中，以便获得每种语言的句子表征。然后，步骤⑥和步骤⑦整合得到的句子表征为训练篇章得到两个紧凑的篇章表征。步骤⑧使用两个篇章表征作为特征，预测每个训练篇章的动态用户情境标签，从而训练得到最终的动态用户情境解析模型。在测试阶段，对于一个新的目标语言篇章，将其翻译成英语，并按照先前步骤获得篇章表征（步骤⑨）。最终，基于这些篇章表征，可以使用训练得到的动态用户情境解析模型推断测试篇章的动态用户情境标签（步骤⑩）。

下面三节将围绕泛在交互文本赋能的语言表征、基于迁移学习的模型训练、目标语言的动态用户情境解析三个部分详细阐述上述过程。

4.2　泛在交互文本赋能的语言表征

ELSA 在训练得到最终的动态用户情境解析模型前，需要学习源语言和目标语言的篇章表征。直觉上，可以简单使用现有的词向量技术来构造词表征，再通过求取篇章中所有词的词表征的平均值，得到篇章表征。但是，这样的表征方法无法捕获与源语言和目标语言中的动态用户情境相关的知识。

泛在交互文本在各语言中被广泛用于表达情感、情绪等动态用户情境信息，ELSA 使用泛在交互文本预测作为工具，学习富含动态用户情境知识的表征。具体而言，以泛在交互文本作为动态用户情境的代理标签，通过预测 E_S 和 E_T 中每条句子包含的泛在交互文本，学习句子表征模型。为了学习源语言和目标语言各自特定的知识，上述表征学习过程为源语言和目标语言分别开展。

表征学习的模型架构如图 4-2 所示。首先，使用无标签推文预训练得到词向量（即词向量层）。其次，将每个词表征成向量，使用堆叠的双向 LSTM 层和注意力层来将词向量编码成句子表征。注意力层借助跳连接（skip-connection）算法[158]，使用词向量层和两个 LSTM 层一同作为其输入，使整个训练过程中模型内信息无阻碍流动。最后，通过最小化 Softmax 层的输出错误学习模型的参数。下面将具体阐述模型细节。

词向量层（Word Embedding Layer）：词向量层基于 U_S 或 U_T 使用 skip-gram 算法[159]预训练得到，可以将每个词映射到连续的向量空间中。通过词向量层，经常出现在相似上下文中的词会被表征成相似的向量，从而捕获了词的语义信息。

双向 LSTM 层（Bi-Directional LSTM Layer）：作为一种特殊的循环神经网络，LSTM[160] 尤其适合处理文本这种序列数据。在每一步（即每个词），LSTM 使用当前输入和过往

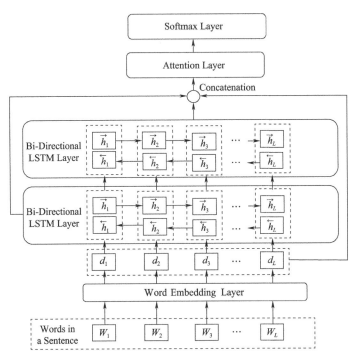

图 4-2 基于泛在交互文本预测的表征学习模型架构

步骤中的知识来更新隐层的状态。为了解决传统循环神经网络的梯度消失问题[161]，LSTM 引入了门的机制来决定何时以及如何更新隐层的状态。具体而言，每个 LSTM 单元包含一个记忆细胞和三个门（即输入门、遗忘门和输出门）[162]。其中，输入门和输出门分别控制了记忆细胞的输入流与输出流；记忆细胞存储了网络的状态，每个记忆细胞有一个自循环，其权重由遗忘门控制。

E_S 或 E_T 中的每个句子可以表示为 (x,e),其中 $x=[d_1, d_2,\cdots,d_L]$,表示移除泛在交互文本后的交互文本对应的单词向量序列,而 e 对应着句子中包含的泛在交互文本。在步骤 t 时,LSTM 按照如下方式进行网络中结点状态的计算:

$$i^{(t)} = \delta(U_i x^{(t)} + W_i h^{(t-1)} + b_i) \quad (4.1)$$

$$f^{(t)} = \delta(U_f x^{(t)} + W_f h^{(t-1)} + b_f) \quad (4.2)$$

$$o^{(t)} = \delta(U_o x^{(t)} + W_o h^{(t-1)} + b_o) \quad (4.3)$$

$$c^{(t)} = f_t \odot c^{(t-1)} + i^{(t)} \odot \tanh(U_c x^{(t)} + W_c h^{(t-1)} + b_c) \quad (4.4)$$

$$h^{(t)} = o^{(t)} \odot \tanh(c^{(t)}) \quad (4.5)$$

其中,$x^{(t)}$、$i^{(t)}$、$f^{(t)}$、$o^{(t)}$、$c^{(t)}$ 及 $h^{(t)}$ 分别表示 LSTM 在步骤 t 的输入向量、输入门状态、遗忘门状态、输出门状态、记忆细胞状态及隐层状态;W、U、b 分别表示循环权重、输入权重及偏差项;$\odot$ 表示元素积。为了获取每个词的上下文信息,ELSA 使用双向 LSTM 来对词序列进行编码。对于每个词 d_i,将前向和后向 LSTM 得到的向量直接连接得到其表征 h_i。计算方法如下:

$$\overrightarrow{h_i} = \text{LSTM}(d_i), \quad i \in [1,L] \quad (4.6)$$

$$\overleftarrow{h_i} = \text{LSTM}(d_i), \quad i \in [L,1] \quad (4.7)$$

$$h_i = (\overrightarrow{h_i}, \overleftarrow{h_i}) \quad (4.8)$$

注意力层(Attention Layer):ELSA 使用跳连接算法连接词向量层和两个双向 LSTM 层作为注意力层的输入。因此,句子中的第 i 个词表征为如下的 u_i:

$$u_i = (d_i, h_{i1}, h_{i2}) \qquad (4.9)$$

其中，d_i、h_{i1} 及 h_{i2} 分别表示第 i 个词在词向量层、第一个双向 LSTM 层和第二个双向 LSTM 层中的表征。由于不是每个词都对预测泛在交互文本和解析动态用户情境起到相同的作用，所以此处引入了注意力机制[163]来决定每个词的重要性。第 i 个词的注意力值可以按照如下方式进行计算：

$$a_i = \frac{\exp(W_a u_i)}{\sum_{j=1}^{L} \exp(W_a u_j)} \qquad (4.10)$$

其中，W_a 为注意力层的权重矩阵。进而，输入的句子可以表征为其中包含的所有词的加权平均，每个词的权重为其注意力值：

$$v = \sum_{i=1}^{L} a_i u_i \qquad (4.11)$$

Softmax 层（Softmax Layer）：句表征接着转移到 Softmax 层，返回概率向量 Y。概率向量 Y 中的每个元素表示输入的句子包含某个特定泛在交互文本的概率。具体而言，概率向量 Y 的第 i 个元素可以按照如下方式进行计算：

$$Y_i = \frac{\exp(v^T w_i + b_i)}{\sum_{j=1}^{K} \exp(v^T w_j + b_j)} \qquad (4.12)$$

其中，T 表示矩阵转置，w_i 表示第 i 个权重，b_i 表示第 i 个偏差项，K 表示泛在交互文本的种类数。最后，通过最小化概率向量 Y 以及输入句子中包含的泛在交互文本对应的 one-hot

向量之间的交叉熵来学习模型的参数。学习参数以后,可以通过提取注意力层的输出来表征输入的句子。经过上述过程,倾向于和相同泛在交互文本共同出现的句子会被表征成相似的向量,继而容易被认为蕴含了相同的动态用户情境。考虑到动态用户情境标签数据量较少,泛在交互文本赋能的句子表征模型训练完成后,其参数在下游的动态用户情境解析模型的训练过程中不再被调整,以便防止过拟合。

4.3 基于迁移学习的模型训练

基于预训练的源语言和目标语言的句子表征模型,可以进一步学习篇章表征,并以迁移学习的方式来训练得到最终的动态用户情境解析模型。

首先,对于每个英语篇章 $D_S \in L_S$,使用预训练的英语句子表征模型来表征其中每个句子。其次,整合这些句子表征得到一个紧凑的篇章表征。因为不同的句子对整个篇章的动态用户情境有着不同的重要性,此处同样采用了注意力机制来聚合篇章中的句子表征。每个篇章表征记为 r_s,篇章中的句子表征记为 v_i,篇章表征 r_s 的计算方法如下:

$$r_s = \sum_{i=1}^{N} \beta_i v_i \qquad (4.13)$$

$$\beta_i = \frac{\exp(W_b v_i)}{\sum_{j=1}^{N} \exp(W_b v_j)} \qquad (4.14)$$

其中，W_b 为注意力层的权重矩阵，而 β_i 为篇章中第 i 个句子的注意力值。然后，使用谷歌翻译将 D_S 翻译成目标语言（记为 D_T），并采用相同的方法，使用目标语言的句子表征模型得到翻译篇章的向量表征 r_t。连接英语篇章和翻译篇章的表征得到最终的篇章表征 $r_c = [r_s, r_t]$，r_c 蕴含了源语言和目标语言的动态用户情境知识，保证了解析模型不被英语标签篇章的知识所主导。最后，将 r_c 输入额外的 Softmax 层，来预测 D_S 的真实动态用户情境标签。通过最小化对于输入篇章预测的概率向量及其真实标签的向量表征之间的交叉熵，学习得到目标语言的动态用户情境解析模型。

4.4 目标语言的动态用户情境解析

当接收到一个 L_T 中的无标签篇章时，首先将其翻译成英语。基于训练得到的英语和目标语言的表征模型，原篇章和翻译篇章被表征为 r_t 和 r_s。进而，可以将接收到的篇章表征为 $[r_s, r_t]$，并输入解析模型，得到推断的动态用户情境标签。

4.5 实验验证

为了验证本书提出的基于迁移学习的跨语言动态用户情境解析技术 ELSA 的效果，本节以基于绘文字的跨语言情感分析为实例开展实验验证。情感分析是动态用户情境解析的典型任务，跨语言情感分析也是研究领域的热点问题[106-107,164]，以绘文字这个典型的泛在交互文本开展跨语言情感分析作为实例，具有一定的代表性。

4.5.1 待验证的问题

具体而言，本节验证如下几个问题：

问题 1：ELSA 与现有跨语言情感分析方法相比，效果如何？

问题 2：绘文字在 ELSA 的跨语言情感分析中起到的作用是什么？

问题 3：ELSA 对于训练数据的数量的敏感程度如何？

问题 4：ELSA 的效果能否泛化到多种类型的文本？

4.5.2 实验设置

首先，介绍实验中的设置，包括实验使用的数据集、ELSA 的实现细节、基线方法和评价指标等。

4.5.2.1 数据集

为了验证 ELSA 在跨语言情感分析上的效果，如第 4.1 节所述，需要英语和目标语言的标签数据（即 L_S 和 L_T）以及英语和目标语言的大规模无标签数据（即 U_S、U_T、E_S 和 E_T）。

具体而言，标签数据（即用于训练的 L_S 和用于测试的

L_T）来自 Prettenhofer 和 Stein[164] 创建的亚马逊评论数据集[165]。该数据集在现有的跨语言情感分析研究[106-107,164]中被广泛使用，其涵盖了四种语言（即英语、日语、法语和德语）和三个类别（即书籍、DVD 和音乐）的评论数据。对于每种语言和类别的组合，该数据集包含 1000 条正面评论和 1000 条负面评论。本节选用英语作为源语言，其他三种语言作为目标语言。因此，可以在合计九个任务（即三种目标语言和三个类别的组合）上验证 ELSA 的效果。对于每个任务，可以使用 2000 条相应类别的英语标签评论来训练，使用 2000 条相应类别的目标语言标签评论来测试。该数据集还提供了测试数据的译文供 ELSA 使用，所以本节仅需使用谷歌翻译将英语评论翻译成目标语言。

为了获得无标签数据 U_S 和 U_T，本节收集了 2016 年 9 月至 2018 年 3 月间的一批英语、日语、法语和德语推文。所有收集到的推文被用于训练词向量。因为绘文字在推特上被广泛使用[124]，本节从这些收集到的推文中直接提取包含绘文字的推文（即 E_S 和 E_T），用于学习泛在交互文本赋能的句子表征模型。对于每种语言，提取了包含该语言中最流行的 64 种绘文字的推文。许多推文包含多个绘文字，为每条推文中包含的不同绘文字创建单独的样本，使本节的绘文字预测任务成为一个单标签分类问题，而不是复杂的多标签分类问题。例如，"I love you ❤❤☕"可以拆分为两个样本，即

("I love you"，"❤"）和（"I love you"，"🌀"）。

针对上述数据，采用如下步骤进行预处理。首先，移除无标签数据中所有的转推和包含 URL 的推文，以便保证每个词出现在其原始上下文中，其语义不依赖于外部内容。其次，将标签数据和无标签数据都进行切词、转换成小写形式，并且将有冗余字母的单词缩短为其简洁形式（例如，将"cooooool"转换为"cool"）。因为日语不是由空格来分隔单词，所以此处使用 MeCab 切词工具[166]来切分日语篇章。此外，使用特殊的标记来代替提及（@）和数字。无标签数据的统计情况如表 4-1 所示。

表 4-1　原始推文和包含绘文字的推文的数量

语言	英语	日语	法语	德语
原始推文	39.4MB	19.5MB	29.2MB	12.4MB
包含绘文字的推文	6.6MB	2.9MB	4.4MB	2.7MB

4.5.2.2　ELSA 的实现细节

本小节介绍 ELSA 的实现细节。首先，在原始推文上使用窗口大小为 5 的 skip-gram 算法来训练得到词向量，初始化词向量层。在表征模型学习阶段，词向量层被进一步微调。该阶段，为了避免过拟合，对词向量层使用了系数为 10^{-6} 的 L2 正则化，并在 Softmax 层前引入了 dropout 层（dropout 率设置为 0.5）。双向 LSTM 的隐单元为 1024 个（每个方向 512

个)。其次，将包含绘文字的推文按照 7∶2∶1 的比例随机划分为训练集、验证集和测试集。设置 mini-batch 为 250，epoch 为 50，使用早停法[167]基于验证集上的表现来调整模型参数。使用 Adam 算法[168]来优化模型，动量参数设置为 0.9 和 0.999。原始学习率设置为 10^{-3}。在训练最终情感分类器的阶段，随机选择 90% 的标签数据作为训练集，剩余的 10% 作为验证集，用于调整模型参数。

4.5.2.3 基线方法

为了验证 ELSA 的效果（即问题 1），本节选用了三个具有代表性的现有方法作为基线方法，包括 MT-BOW、CL-RL 和 BiDRL。

- MT-BOW[164]基于英语标签数据，使用词袋作为特征，训练得到线性分类器。使用谷歌翻译将目标语言数据翻译成英语，将线性分类器直接应用到译文上。

- CL-RL 是 Xiao 和 Guo[106]提出的词层面对齐的表征学习方法。该方法首先对英语和目标语言分别训练出一套表征空间，然后通过机器翻译生成一些伪平行词对，并让每个平行词对中的两个词拥有相同的表征。通过平行词对的表征对齐，源语言和目标语言形成了统一的表征空间。对于每个英语标签篇章，提取其中每个词的词表征，通过求取词表征的平均值得到篇章表征。最后，以篇章表征作为特征，使用 SVM 算法训练得到情感分类器。由于英语和目标语言在统一的表征空间内,所以目标语言的交互文本表征后也可以直接使用该情感分类器。

- BiDRL 是 Zhou 等[107] 提出的篇章层面对齐的表征学习方法。其使用谷歌翻译创建了伪平行篇章,并强制伪平行篇章共享相同的表征。此外,定义了一些附加规则来让不同情感的篇章在表征空间中距离变远,让语义差别大但是情感极性相同的篇章被表征得相似。基于学习出来的篇章表征空间,英语标注篇章及其平行篇章同时被表征,作为模型特征,使用 Logistic 算法训练得到情感分类器。对于目标语言交互文本,将其和其英语译文都表征化作为特征,即可应用得到的情感分类器进行分类。

此外,本节选用了 ELSA 的三个变体(即 N-ELSA、T-ELSA 和 S-ELSA)作为基线方法,通过将这三个变体与 ELSA 进行效果对比,来探究绘文字如何影响 ELSA 的效果(即问题 2)。下面介绍这三种变体。

- N-ELSA 移除了英语和目标语言端的绘文字预测阶段,直接使用两个注意力层来实现从词表征到句子表征和从句子表征到篇章表征的转换。N-ELSA 模型中未使用任何绘文字使用的数据。

- T-ELSA 移除了英语端的绘文字预测阶段,保留了目标语言端的绘文字赋能的表征学习。其将英语标签篇章翻译成目标语言,并基于目标语言的表征模型训练得到了情感分类器。T-ELSA 只利用了目标语言中的绘文字使用的数据。

- S-ELSA 移除了目标语言端的绘文字预测阶段，保留了英语端的绘文字赋能的表征学习，并基于英语标签篇章训练得到情感分类器。对于目标语言篇章，首先将其翻译成英语，然后使用训练得到的英语情感分类器进行分类。S-ELSA 只利用了英语中的绘文字使用数据。

4.5.2.4 评价指标

基准数据集中正面和负面样本的分布相当均衡，本节遵循过往研究[107]，使用准确率作为评价指标。过往研究[107]将现有方法（即 MT-BOW、CL-RL 和 BiDRL）在相同的训练集和测试集上进行了效果测评。为了直接复用这些研究中报告的效果，本节使用了与它们相同的训练集和测试集设置。但是，这样一来，无法获得每种方法在单个样本上的分类结果，因此，无法使用 McNemar 检验[169] 等方法检验 ELSA 与现有方法之间效果差异的显著性。为此，将 ELSA 使用不同的随机初始值跑了十轮，并计算十轮的平均准确率和标准差，以便获得更可靠的结果。

4.5.3 实验结果

4.5.3.1 问题1：ELSA 与现有跨语言情感分析方法相比，效果如何？

表 4-2 展示了 ELSA 与现有跨语言情感分析方法（即

MT-BOW、CL-RL 和 BiDRL）在九个基准任务上的准确率。如表 4-2 所示，ELSA 在九个任务上的表现均优于现有方法，平均准确率达到 0.840，现有方法的平均准确率最高为 0.814。转换为错误率，ELSA 与现有方法的错误率分别为 0.160 和 0.186，即 ELSA 较现有方法错误率降低了约 14%。

表 4-2　ELSA 和现有方法在九个基准任务上的准确率（括号中为标准差）

语言	类别	MT-BOW	CL-RL	BiDRL	ELSA
Japanese	Book	0.702	0.711	0.732	**0.783(0.003)**
	DVD	0.713	0.731	0.768	**0.791(0.004)**
	Music	0.720	0.744	0.788	**0.808(0.005)**
French	Book	0.808	0.783	0.844	**0.860(0.002)**
	DVD	0.788	0.748	0.836	**0.857(0.002)**
	Music	0.758	0.787	0.825	**0.860(0.002)**
German	Book	0.797	0.799	0.841	**0.864(0.001)**
	DVD	0.779	0.771	0.841	**0.861(0.001)**
	Music	0.772	0.773	0.847	**0.878(0.002)**

具体来看，每种方法在日语任务上的表现均差于在法语和德语任务上的表现。根据 ISO 639-1[155] 定义的语言系统，英语、法语和德语属于相同的语系（即印欧语系），而日语属于日语系。换言之，法语和德语与英语的相似之处更多，将英语文本翻译成法语和德语，并把英语中的情感知识传递给它们更加容易。因此，日语任务相较于法语和德语任务，难度更大，现有方法均无法取得 0.8 以上的准确率。然而，ELSA 在日语的音乐任务上取得了 0.808 的准确率，在日语的

DVD 任务上的准确率也接近 0.8(0.791)。在日语的书籍任务上所取得的 0.783 的准确率也不可忽视，相较于现有方法的最佳表现（0.732），提升了 0.051。此外，尽管法语和德语任务相较于日语任务而言更简单，但是现有方法无一可以取得 0.85 以上的准确率。相比之下，ELSA 可以在法语和德语的所有任务上均取得 0.85 以上的平均准确率。

下面进行更详细的效果比较，以便更加深入地证实 ELSA 的优势。如表 4-2 所示，基于表征学习的方法（CL-RL、BiDRL 和 ELSA）在大多数任务上效果优于 MT-BOW。这样的结果得益于表征学习将词表征为连续语义空间中的高维向量，克服了传统词袋方法的特征稀疏问题。进一步，观察到篇章层面的表征学习方法（BiDRL 和 ELSA）超过了词层面的表征学习方法 CL-RL。这表明，将篇章层面的信息引入表征比专注于单个的词更有效。最后，可以发现 ELSA 在所有任务上的准确率均超过了 BiDRL。为了缩小语言之间的差距，BiDRL 仅利用了伪平行文本来学习两种语言之间共性的情感模式。相比之下，除了伪平行文本以外，ELSA 还从英语和目标语言的绘文字使用的数据中学习了丰富的知识。一方面，作为泛在的情感载体，绘文字在各种语言中被用来表达共性的情感模式，这种共性的情感模式可以补充伪平行文本的知识；另一方面，绘文字语言特定的使用模式帮助 ELSA 学习了语言特定的知识，从而有利于对目标语言文本开展情感分析。

4.5.3.2 问题2：绘文字在 ELSA 的跨语言情感分析中起到的作用是什么？

为了进一步探究绘文字在 ELSA 的跨语言情感分析中所做的贡献，本节进行了一系列实验，从总体效果、表征效力、文本理解三个角度来探究绘文字的作用。

总体效果：为了度量绘文字如何影响跨语言情感分析，一个直观的想法是移除 ELSA 中的绘文字预测部分，将简化后的模型与 ELSA 进行效果对比。为此，本节将 ELSA 与 N-ELSA、T-ELSA 和 S-ELSA 对比，四种方法在基准数据集上的准确率如表4-3所示。结果表明，ELSA 在九个任务上的效果均超过了 N-ELSA。N-ELSA 仅比统一猜测的方法（50%）稍好。这可能是因为 N-ELSA 仅从伪平行文本中学习到共性的模式，并未有效地引入目标语言特定的情感信息。另一个可能的原因是，仅使用2000条标签数据不足以训练出一个如此复杂的神经网络模型，导致了过拟合。

表4-3 ELSA 和其变体在九个基准任务上的准确率

语言	类别	N-ELSA	T-ELSA	S-ELSA	ELSA
Japanese	Book	0.527*	0.742*	0.753*	0.783
	DVD	0.507*	0.756*	0.766*	0.791
	Music	0.513*	0.792*	0.778*	0.808
French	Book	0.505*	0.821*	0.850*	0.860
	DVD	0.507*	0.816*	0.843*	0.857
	Music	0.503*	0.811*	0.848*	0.860

(续)

语言	类别	N-ELSA	T-ELSA	S-ELSA	ELSA
German	Book	0.513*	0.804*	0.848*	0.864
	DVD	0.521*	0.790*	0.849*	0.861
	Music	0.513*	0.818*	0.863*	0.878

* 表示 ELSA 和其简化版本之间的表现差异在 5% 的显著性水平上显著。

为了验证这两种假设，将英语和目标语言的标签数据混合，从中随机选取了 2000 个样本作为训练集，剩下的 2000 个样本作为测试集。除此之外，所有实验设置保持不变。在此情况下，N-ELSA 在所有任务上的平均准确率达到了 77%，这表明过拟合并不是一个主要问题，也许语言差异才是问题。具体而言，原始的 N-ELSA 主要是被伪平行文本中的英语情感信息所支配，该信息无法正确迁移到目标语言上去。但是，当英语和目标语言的情感信息（即标签数据）一同输入模型时，模型的表现就明显提升。不过，在跨语言情感分类设置中，无法在目标语言上获得足够的标签数据。在此情况下，绘文字可以帮助模型抓住目标语言特定的情感信息。

此外，在所有任务上，ELSA 同样显著优于 T-ELSA 和 S-ELSA。McNemar 检验结果显示，ELSA 和这两种方法的表现差异在 5% 的显著性水平下显著。ELSA 的优越性说明，单从一种语言中提取情感信息对跨语言情感分类而言是不够的，需要为模型引入两种语言各自的情感信息。具体而言，S-ELSA 未学习到目标语言的情感模式，T-ELSA 未从英语中学习到可迁移的情感信息，继而两者表现均落后于 ELSA。

表征效力：为了更好地理解从绘文字使用数据中学习到的情感信息，下面开展词层面的实证分析。回顾 ELSA 的工作流程，在词表征阶段后，每个词都被表征成了一个独特的向量，即词向量。此处想要验证在绘文字的作用下，词向量是否蕴含了情感信息。为此，从 MPQA 情感词典[170]中采样了 50 个具有情感极性且在本节数据集中频繁出现的英语单词。这些词在 MPQA 情感词典中被标注了情感极性，可以作为金标准供分析使用。进一步地，探究 ELSA 能否将所选出的 50 个词中相同情感极性的词表征成相似的向量。

为了衡量词向量的相似度，本节计算了词向量之间的 cosine 相似值。基于 cosine 相似值，使用层次聚类方法将 50 个选出的词进行聚类，并将可视化结果展示于图 4-3。图中使用单元格的颜色深浅来表示对应的两个词的 cosine 相似值大小。单元格颜色越深，对应的两个词的相似度越大。

图 4-3（a）使用了所选的 50 个词的 Word2Vec 表征进行聚类。结果显示，不同情感的词无法通过聚类而显式区分开。例如，在图 4-3（a）的右下角，"generous" 和 "picky" 这两个情感极性相反的词被表征得相似。这表明，简单的 Word2Vec 方法无法有效地捕获词之间的情感关系。

相反地，图 4-3（b）将所选的 50 个词按照绘文字赋能后得到的词向量进行聚类,可以观察到两个明显的聚类。其中,左上角的聚类包含正面的词汇,右下角的聚类包含负面的词汇。图中只有正面词汇"sure"被错误地聚类到负面词汇中去。通过检查该词在本节数据集中的上下文,发现其经常与正面和负面的词一起使用,使其情感极性不清晰。这种几乎聚类正确所有词的结果表明,绘文字使用数据是捕获情感信息的有效途径,而这样的情感信息对于情感分类任务来说大有裨益。

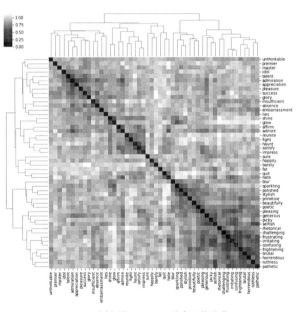

(a)所选词的Word2Vec的表征的聚类

图 4-3 绘文字对表征效力的影响

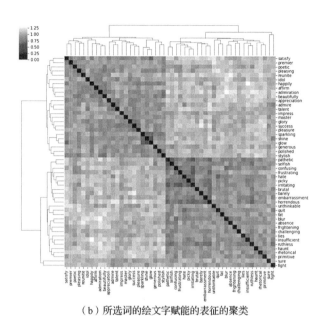

(b)所选词的绘文字赋能的表征的聚类

图 4-3　绘文字对表征效力的影响（续）

文本理解：最后，探究绘文字赋能的表征是如何有利于文本理解的。为此，选取了一个被 N-ELSA 分类错误但被 ELSA 分类正确的典型样本，其来自日语任务的测试数据。此处选取了该样本的英语译文片段用于展示。如图 4-4 所示，尽管整个篇章表达了对某唱片集的不满，但是由于翻译质量的问题以及篇章的复杂组成形式，很难直接从其中单个句子中识别出这种不满。例如，当只考虑第三句话时，作者似乎在表达一种积极的态度。但是，事实上，在第四句话和第六句话中，作者表达了明显的负面态度。

基于泛在交互文本的用户情境解析技术研究

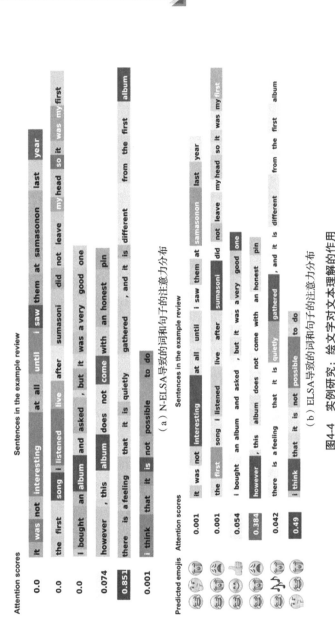

图4-4 实例研究：绘文字对文本理解的作用

图 4-4 展示了 N-ELSA 和 ELSA 在该样本的词与句子的注意力分布情况，该分布表明了两个模型如何理解该样本篇章及其各自分类结果背后的逻辑。此处使用背景颜色的深浅来表明在每个句子中不同词的注意力值。一个词的背景色越深，其在所属句子中被赋予的注意力越高。此外，每个句子的左边列出了其在篇章中的注意力值。图 4-4（b）中还列出了 ELSA 为每个句子预测的前三种绘文字。

首先分析图 4-4（a），以便探究 N-ELSA 如何处理该篇章中的情感信息。在词层面，N-ELSA 更专注"song""album"等中性词，而不是蕴含情感的词汇。在句子层面，N-ELSA 将较高的注意力放在了第五句。但是，第五句并没有表达出明显的负面情绪。

相反地，在引入绘文字后，ELSA 能够按照合理的逻辑来理解该篇章，如图 4-4（b）所示。具体而言，ELSA 将注意力放在了蕴含情感的形容词（例如"interesting"和"not possible"）和转折连词（例如"however"）上，继而较好地识别出每句话中的情感。这可以通过 ELSA 为每句话预测的绘文字来进一步佐证。除了本节数据集中最流行的😄表情以外，ELSA 为第四句话和第六句话预测了😨和😄，暗示了这两句话中作者的负面情感；为第三句话预测了👍和🙂，暗示了第三句话蕴含正面情感。此外，在句子层面，ELSA 专注于第四句话和第六句话，将较少的注意力放在蕴含正面情感的第三句话。因此，可以看出，绘文字将额外的知识引入了文本理解，从而使注意力机制更加有效。

4.5.3.3 问题 3：ELSA 对于训练数据的数量的敏感程度如何？

ELSA 使用了大规模数据训练而成，本小节想要探究 ELSA 对训练数据数量的敏感程度，即当训练数据的规模变小时，ELSA 能否仍然表现较好。首先，探究无标签数据的规模对 ELSA 的影响。英语表征模型一旦训练完成，就可以被面向任何目标语言的跨语言情感分类模型复用。因此，此处只减少目标语言的无标签数据（即不包含绘文字的推文和包含绘文字的推文），并观察 ELSA 在基准数据集上的效果变化。具体而言，使用了 80%、60%、40% 和 20% 的推文来重新训练目标语言的表征模型，并保持最终的监督训练过程不变，结果如图 4-5（a）、（b）和（c）所示。对于日语任务，当减少无标签数据的规模时模型的表现稍微变差。具体而言，当使用 20% 和 100% 的无标签数据进行训练时，在日语的三个任务上的准确率差异分别是 0.021、0.014 和 0.018。对于法语和德语任务，当改变无标签数据的规模时，准确率浮动小于 0.01。更重要的是，ELSA 只使用 20% 的无标签数据，在九个基准任务上的表现就优于所有现有的方法。这表明，当目标语言在推特上并不被频繁使用时，ELSA 仍然可以适用。

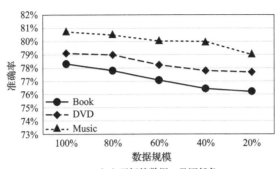

（a）无标签数据：日语任务

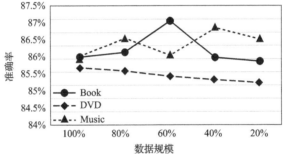

（b）无标签数据：法语任务

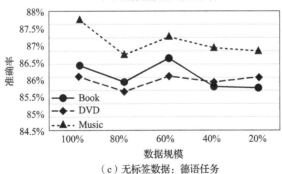

（c）无标签数据：德语任务

图 4-5　ELSA 的准确率随训练数据的数据量变化的情况

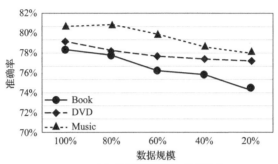

（d）英语标签数据：日语任务

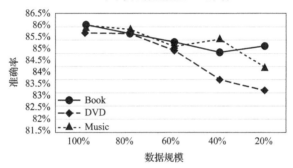

（e）英语标签数据：法语任务

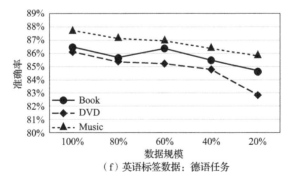

（f）英语标签数据：德语任务

图 4-5　ELSA 的准确率随训练数据的数据量变化的情况（续）

此外，尽管相较于其他语言，英语的标签数据更多，但是总体上，英语标签数据也并不充裕。因此，如果一个模型可以仅利用少量的英语标签数据就可以表现较好，那么，这样的模型是具有价值的。为了检验 ELSA 是否具有这样的价值，此处将 ELSA 所用的英语标签数据减少为原来数据量的 80%、60%、40% 和 20%。如图 4-5（d）、（e）和（f）所示，当英语标签数据减少时，ELSA 的准确率仅稍微下降。即使只剩 20% 的标签数据（即 400 条英语标签篇章），ELSA 在所有基准任务上的表现也可以优于使用 2000 条标签篇章进行训练的现有方法。这表明，由于大规模绘文字使用数据的赋能，ELSA 对于人工标签的依赖降低。

4.5.3.4　问题4：ELSA 的效果能否泛化到多种类型的文本？

现有的跨语言情感分析研究[106-107,164]大多数使用亚马逊评论数据集来验证方法的效果。为了与这些工作比较，本节也采用了该数据集作为主要实验对象。但是，其他类型的文本（例如社交媒体文本）上的情感分析也同样重要。为了验证 ELSA 的效果能够泛化到其他类型的文本上，本小节将 ELSA 应用到典型的社交媒体文本（即推文）上。因为推文简短且非正式，所以对其进行情感分析被认为是一项挑战[171]。

因为推文上的跨语言研究工作较为有限,所以此处只使用 Deriu 等[172] 最近提出的针对推文的 MT-CNN 方法作为基线方法。MT-CNN 同样依赖于机器翻译和大规模无标签推文,其首先训练英语的情感分类器,再将分类器应用到目标语言的英文译文上。训练英语情感分类器的过程包括以下三个步骤:(1)和 ELSA 一样,使用原始推文训练单词向量;(2)以":)"和":("作为弱标签,提取包含这些弱标签的推文,使用多层 CNN 模型来微调单词向量;(3)使用英语标签推文训练得到情感分类器。Deriu 等[172] 和本书一样使用了法语及德语推文,因此,此处使用法语和德语作为目标语言比较 MT-CNN 与 ELSA。

Deriu 等[172] 使用的标签推文以推文 ID 的形式公开,部分推文现在已经无法爬取到,所以,此处不直接将 ELSA 在爬取到的推文上的效果与 Deriu 等[172] 公布的结果进行对比。为了开展公平的比较,本书在爬取到的标签推文上复现了 MT-CNN 方法。基于 MT-CNN[172] 和 ELSA 的预训练表征模型,使用了相同的英语标签推文来训练、验证和测试两种方法。此处使用的英语、法语和德语的标签推文的数据规模如表 4-4 所示。根据数据分布,使用统一猜测作为简单基线方法可以在法语和德语任务上分别取得 0.451 和 0.628 的准确率。

表 4-4　爬取到的标签推文的数据规模

数据集	语言	正面	中立	负面
训练集	英语[173]	5101	3742	1643
验证集	英语[174]	1038	987	365
测试集	法语[175]	987	1389	718
	德语[176]	1067	4441	1573

MT-CNN 和 ELSA 在法语及德语任务上的准确率如表 4-5 所示。两种方法均优于统一猜测，且 ELSA 在法语和德语任务上取得了比 MT-CNN 高 0.161 和 0.155 的准确率。尽管此处使用了相同的训练集、验证集和测试集来比较 MT-CNN 和 ELSA，但是两种方法所用的表征模型不同，有可能是表征模型的差异导致了两种方法的准确率不同。具体而言，如果 ELSA 使用了更多的无标签推文来训练表征模型，那么 ELSA 的较高准确率也许只是得益于其无标签数据的规模更大。为了打消这种疑虑，参照 Deriu 等的论文，发现其使用了 300MB 原始推文和 60MB 包含":)"和":("的推文。相比之下，ELSA 仅使用了 81MB 原始推文和 13.7MB 包含绘文字的推文。考虑到":)"和":("这类颜文字在推特上使用频率显著低于绘文字[124]，尽管 MT-CNN 使用的弱标签数据大约是 ELSA 的 4.4 倍，但是其使用的弱标签数据将需要从远多于 ELSA 使用的原始推文的 4.4 倍的推文中提取。这表明，ELSA 不仅准确率显著高于 MT-CNN，而且对训练数据的需求更低。

表 4-5　MT-CNN 和 ELSA 在法语及德语推文上的准确率

语言	ELSA	MT-CNN	Uniform Guess
法语	0.696	0.535*	0.451*
德语	0.809	0.654*	0.628*

* 表示 ELSA 与基线方法之间的表现差异在 5% 的显著性水平下显著。

4.6　小结

本章介绍了针对基于交互文本的动态用户情境解析的语言现状所提出的关键技术，即基于迁移学习的跨语言动态用户情境解析技术 ELSA。该技术使用泛在交互文本充当英语和目标语言中的动态用户情境的代理标签，同时和机器翻译一起充当两种语言之间的桥梁。具体而言，ELSA 通过表征学习从英语和目标语言的泛在交互文本使用数据中学习隐式特征。跨语言的泛在交互文本隐式特征与机器翻译一起，填补了语言之间的鸿沟。语言特定的泛在交互文本隐式特征，缓解了跨语言动态用户情境解析中的语言差异问题。然后，通过迁移学习将这些特征中蕴含的知识迁移到目标语言的动态用户情境解析模型中，弥补了目标语言人工标签数据的不足。最后，以跨语言情感分析这个跨语言动态用户情境解析的典型任务为例，验证了 ELSA 的效果。实验结果表明，ELSA 在九个基准任务上平均准确率达到 0.840，显著超过现有方法，错误率降低约 14%。

第 5 章

基于迁移学习的领域特定动态用户情境解析技术

在第 2 章提出的基于泛在交互文本的用户情境解析方法框架的基础上,本章介绍针对基于交互文本的动态用户情境解析的领域现状所提出的关键技术,即基于迁移学习的领域特定动态用户情境解析技术 SEntiMoji。

如 1.3 节所述,为了打破现有基于交互文本的动态用户情境解析主要针对社交媒体领域用户开展的现状,学术界出现了众多领域特定的动态用户情境解析工作,即为特定领域人工构建标签数据,并基于这些数据训练得到领域特定的动态用户情境解析模型。但是,人工标注耗时耗力,导致得到的标签数据量较小,如何在此情况下取得较好的动态用户情境解析效果是一项挑战。

针对上述挑战,在领域特定动态用户情境解析的设置下,SEntiMoji 利用了泛在交互文本在文本交互中表达情感、情绪、语义等的多功能性，使用其作为情感等动态用户情境的代理标签。泛在交互文本被各领域广泛使用的泛在性使其使用的数据可以被轻易收集，从而弥补非社交媒体领域（即目标领域）动态用户情境人工标签数据的不足。

具体而言，与 ELSA 一样，SEntiMoji 使用泛在交互文本作为动态用户情境的代理标签，因此使用泛在交互文本预测作为动态用户情境解析的源任务。尽管泛在交互文本被各领域用户使用，但是相较于其他领域（例如软件工程领域），社交媒体领域中的泛在交互文本使用数据更为丰富[127]。因此，SEntiMoji 同时使用了目标领域和社交媒体领域中的泛在交互文本使用数据来构建源任务。目标领域中的泛在交互文本使用数据可以帮助弥补目标领域中动态用户情境人工标签数据的不足。社交媒体领域中的泛在交互文本使用数据可以帮助解析模型学习领域之间共通的动态用户情境知识。基于上述泛在交互文本使用数据，SEntiMoji 首先建立泛在交互文本预测任务，学习得到文本表征。其次，文本表征被作为特征，预测目标领域中真实的动态用户情境标签，从而学习得到目标领域的动态用户情境解析模型。通过这些表征，蕴含在泛在交互文本使用数据中的动态用户情境知识从泛在交互文本预测任务，通过迁移学习的方式进入动态用户情境解析模型中，弥补了目标领域中动态用户情境人工标签数据的不足。

本章将具体介绍 SEntiMoji 的工作流程，重点阐述其中涉及的关键步骤，并实验验证其效果。

5.1 技术概览

为了更好地阐述 SEntiMoji 的工作流程，首先介绍其中涉及的数据。在 SEntiMoji 的领域特定动态用户情境解析设置下，使用了社交媒体领域中大量的无标签数据（记为 U_S），且 U_S 中包含大量的泛在交互文本使用数据（记为 E_S）。U_S 可以轻易地从推特等社交媒体平台获取。此外，使用了目标领域中的泛在交互文本使用数据（记为 E_T）以及少量的标签数据（记为 L_T）。

基于上述数据，SEntiMoji 的任务为使用社交媒体领域和目标领域的无标签数据（即 U_S、E_S 和 E_T），基于目标领域少量的标签数据（即 L_T）训练得到目标领域的动态用户情境解析模型，并验证其解析效果。

SEntiMoji 的工作流程如图 5-1 所示，主要包含基于社交媒体的表征学习、泛在交互文本赋能的领域表征、基于迁移学习的模型训练和目标领域的动态用户情境解析 4 个步骤。下面对这 4 个步骤进行简要介绍。

- **基于社交媒体的表征学习**：首先，从社交媒体平台收集大量包含泛在交互文本的交互文本数据（即 U_S 和 E_S），使用 4.2 节中介绍的表征学习方法，学习得到社交媒体领域的表征模型。大量的泛在交互文本使用数据 E_S 可以帮助模型学习到领域之间共通的动态用户情境知识。

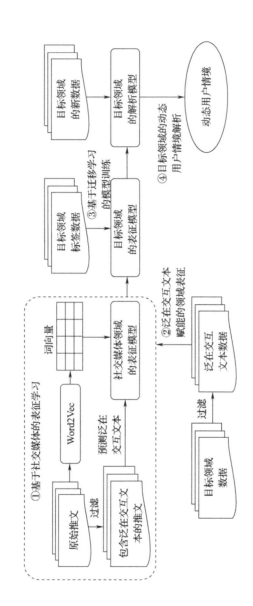

图5-1 基于迁移学习的领域特定动态用户情境解析技术SEntiMoji的工作流程

- **泛在交互文本赋能的领域表征**：其次，收集目标领域中的泛在交互文本使用数据 E_T，用于微调上述社交媒体领域的表征模型，以便引入目标领域特定的动态用户情境知识，得到目标领域的表征模型。

- **基于迁移学习的模型训练**：再次，以目标领域的表征模型和少量的标签数据 L_T 开展迁移学习。具体而言，以目标领域的表征模型获得标签数据的表征作为特征，训练得到目标领域的动态用户情境解析模型。

- **目标领域的动态用户情境解析**：最后，对于一条新的目标领域输入数据，按照先前步骤获得表征，基于该表征可以使用目标领域的动态用户情境解析模型推断输入数据的动态用户情境标签。

SEntiMoji 采用两阶段表征学习（即训练得到社交媒体领域的表征学习模型，再用目标领域的数据进行模型微调），而不是直接将社交媒体领域和目标领域的数据进行混合，同时用于训练得到表征模型。其原因是，社交媒体领域的数据（即 U_S 和 E_S）体量较大，在混合训练模式下，针对各种目标领域开展表征学习，都需要将 U_S 和 E_S 重复用于训练，耗时耗力。相较而言，在两阶段表征学习模式下，只需要使用一次 U_S 和 E_S 训练得到社交媒体领域的表征模型，后续就可供各目标领域直接调用和微调。

由于基于社交媒体的表征学习在 4.2 节中已详细介绍，所以下面三节将围绕泛在交互文本赋能的领域表征、基于迁移学习的模型训练、目标领域的动态用户情境解析三个部分来详细阐述上述过程。

5.2 泛在交互文本赋能的领域表征

SEntiMoji 使用泛在交互文本预测作为目标领域的动态用户情境解析的源任务。为了提高源任务和目标任务的相关性，泛在交互文本预测也将在目标领域上下文中开展。为此，SEntiMoji 收集了目标领域的泛在交互文本使用数据，用于微调社交媒体领域的表征模型，以便注入目标领域特定的知识，得到目标领域的表征模型。本书将上述过程称为泛在交互文本赋能的领域表征，其具体流程如图 5-2 所示。

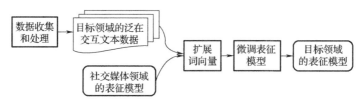

图 5-2 泛在交互文本赋能的领域表征流程

下面将详细阐述图 5-2 中涉及的三个关键步骤，即数据收集和处理、扩展词向量以及微调表征模型。

- **数据收集和处理**：首先，需要从目标领域的公开平台中收集大量无标签数据。以软件工程领域为例，可以通过 GitHub 软件项目托管平台、Stack Overflow 问答平台、JIRA

问题追踪平台等多种途径收集无标签数据。其次，按照社交媒体领域的表征模型的预测目标，对收集到的无标签数据进行预处理。具体而言，过滤得到包含表征模型预测的泛在交互文本的数据，即为 E_T。

- **扩展词向量**：不同领域往往具有不同的术语空间，因此，社交媒体领域的表征模型可能无法涵盖目标领域的术语。在此情况下，表征模型会将未涵盖的术语当做未知词来处理，因此导致这些术语中蕴含的领域知识丢失。为了解决这一问题，SEntiMoji 扩展了社交媒体领域的表征模型的词汇列表。具体而言，基于 E_T 找出不包含在社交媒体领域的表征模型的词向量层中的词（out-of-vocabulary，OOV），从而有针对性地扩展词向量层。但是，将所有的 OOV 都添加到词向量层没有必要。其原因如下：一方面，这将限制模型在计算资源受限情况下的适用性；另一方面，许多 OOV 对于最终的解析任务帮助不大[177,178]。因此，SEntiMoji 将 OOV 按在 E_T 中的出现频率降序排列，选取出现较为频繁的 OOV 加入到词向量层中，并对其随机初始化。

- **微调表征模型**：基于 E_T，使用 chain-thaw 算法[99] 来微调扩展后的表征模型的参数。chain-thaw 算法每次只微调模型中的一层，并保持其他层冻结，从而减少过拟合风险。具体而言，整个微调过程需要将表征模型微调六次，流程如图 5-3 所示。图中从左到右展示了六次微调的不同设置，每次微调时被冻结的层以灰色表示。首先，微调 softmax 层。其次,从词向量层开始向上逐层微调,即依次微调词向量层、第一个双向 LSTM 层、第二个双向 LSTM 层、注意力层。最后,微调模型中的所有层。每次微调,使用 E_T 在表征模型上开展泛在交互文本预测,通过最小化模型输出与真实结果之间的交叉熵来调整模型参数。整个微调过程结束后,即可得到目标领域的表征模型。

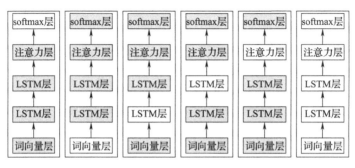

图 5-3 chain-thaw 算法微调表征模型的流程(灰色层表示被冻结)

5.3 基于迁移学习的模型训练

基于目标领域的表征模型,可以得到目标领域的文本表征,这些表征蕴含了大规模泛在交互文本使用数据中的动态用户情境知识。SEntiMoji 以迁移学习的方式将这些知识迁移到目标领域的动态用户情境解析模型中,即基于这些表征来开展目标领域的动态用户情境解析任务。

具体而言，首先，将目标领域的表征模型的 Softmax 层替换成一个 m 维的 Softmax 层，其中，m 是指动态用户情境解析涉及的类别数目。其次，基于替换后的模型，使用目标领域少量的标签数据 L_T，构建动态用户情境解析任务，按照图 5-3 所示的流程微调模型的参数。最后，得到目标领域的动态用户情境解析模型。

5.4 目标领域的动态用户情境解析

当接收到一条新的目标领域数据时，只需要将该数据输入第 5.3 节得到的目标领域的动态用户情境解析模型，即可得到推断的动态用户情境标签。

5.5 实验验证

为了验证本书提出的基于迁移学习的领域特定动态用户情境解析技术 SEntiMoji 的效果，本节以基于绘文字的软件工程领域的情感分析和情绪分析为实例开展实验验证。情感分析和情绪分析是动态用户情境解析的典型任务，也是软件工程领域的热点问题[68-69,72-73,113-114]。

5.5.1 待验证的问题

具体而言，本节验证如下几个问题：

问题 1：SEntiMoji 与软件工程领域现有情感分析方法相比，表现如何？

问题 2：SEntiMoji 与软件工程领域现有情绪分析方法相比，表现如何？

问题 3：哪种训练数据对于 SEntiMoji 的效果贡献较大？

5.5.2 实验设置

首先，介绍实验中的设置，包括实验使用的数据集、基线方法、评价指标和具体设置等。

5.5.2.1 数据集

SEntiMoji 需要社交媒体领域和目标领域（即软件工程领域）中大量无标签数据用于训练表征模型，以及目标领域少量的标签数据用于训练最终的用户情境解析模型。下面将分别介绍本节所用的无标签数据、情感分析基准数据集（即情感分析标签数据）、情绪分析基准数据集（即情绪分析标签数据）。

无标签数据：Felbo 等[99]公开了一款绘文字预测模型 DeepMoji，该模型基于 566 亿条推文训练而成，可以直接作为表征模型。为了避免重复收集英语推文，本节直接微调 DeepMoji，注入软件工程领域特定的知识。为了获取软件工程领域的无标签数据，本节使用 Lu 等[127]收集的 GitHub 数据集，该数据集包含 GitHub 中约 10 亿条开发者沟通数据，即问题（issues）、问题评论（issue comments）、拉取请求（pull requests）和拉取请求评论（pull request comments）数据。

对于 GitHub 数据，需要进行预处理。具体而言，使用 NLTK[77] 进行切词，并将所有单词转换为小写形式。移除标点符号、非字母字符。为了减少情感信息的丢失，参照 Hasan 等[179] 提供的颜文字列表保留颜文字。将 URL、邮件地址、引用、代码片段、数字和提及替换成特殊符号，例如，每个代码片段都被替换为"[code]"。利用正则表达式识别有冗余字母的单词，并缩短为其简洁形式。基于预处理后的 GitHub 数据，获得了 809 918 条包含绘文字的 GitHub 文本，并为每条文本中的每个不同的绘文字单独创造一个样本。因为本节需要在 DeepMoji 的基础上进行模型微调，所以此处只需要保留包含 DeepMoji 预测的 64 种绘文本的样本，合计 1 058 413 个。

此外，在微调 DeepMoji 的过程中，需要扩展词向量，以便增加软件工程领域的常用术语。为此，将从 GitHub 数据中筛选出的 OOV 按照出现频次降序排列，并选择了最常出现的 3000 个词进行添加，这些词的出现频次占所有 OOV 出现总频次的 68.89%。

除了无标签数据以外，本节采用了九个具有代表性的标签数据集作为基准数据集，涵盖了软件工程领域不同平台的文本。这九个数据集都是专门为软件工程领域的情感分析和情绪分析任务创建的。

情感分析基准数据集：对于情感分析任务，本节采用了五个基准数据集，包括 JIRA 数据集、Stack Overflow 数据集、Code Review 数据集、Java Library 数据集和 Unified-S 数据集。下面将简要介绍每个数据集。

- **JIRA 数据集**[69,180] 起初包含 JIRA 问题追踪平台上提取的 5992 条问题评论，其作者将其分割为三个部分，即 Group-1 数据、Group-2 数据和 Group-3 数据。因为本节要使用的基线方法之一 SentiStrength-SE 是基于 Group-1 数据发展而来的，所以为了保证比较的公平性，此处将 Group-1 数据从 JIRA 数据集中去除。剩下的 Group-2 和 Group-3 数据被标注了情绪标签，即 love、joy、surprise、anger、sadness、fear 或 neutral。与此前的工作[68,113]一致，本节将 love 和 joy 映射为正面情感，将 anger、sadness 和 fear 映射为负面情感。由于 surprise 的情感二义性，所以将 surprise 标签从数据集中去除。对于 Group-2 数据，其作者给出了三个标注者对每条样本的情绪标注结果。如果一条样本被至少两个标注者标注了正面（或负面）的情绪标签，此处就将这条样本判定为正面（或者负面）。在此标准下，无法匹配任何一种情感标签的样本被去除。对于 Group-3 数据，其作者整合了标注结果，直接给出了每条样本的最终情绪标签。在去除了 surprise 标签后，此处继续去除了没有情绪标签或者包含相反情感极性的情绪标签的样本。最终，JIRA 数据集包含 2573 个样本，其中，42.9%是正面样本，27.3%是中立样本，29.8%是负面样本。

- **Stack Overflow 数据集**[73,181] 包含 Stack Overflow 上提取的 4423 条交互文本，涵盖了该平台的四种文本类型，即问题、回答、问题评论和回答评论。其数据源是 Stack Overflow dump 中 2008 年 7 月到 2015 年 9 月的文本全集。为了保证各类样本的均衡性，其作者基于 SentiStrength-SE 对这些文本的情感分析结果，选取了 4800 个样本。然后，三名标注者为每个样本进行独立标注，被标注了相反情感极性的样本被去除，剩余的样本按照多数表决的策略确定情感标签。最终，Stack Overflow 数据集包含 4423 个样本，其中，34.5%是正面样本，38.3%是中立样本，27.2%是负面样本。

- **Code Review 数据集**[114,182] 包含来自 20 个流行的开源软件项目的代码审查仓库中的 1600 条代码审查评论。其原先包含 2000 条评论，每条评论被标注者标注为正面、负面或中立。基于标注结果，这 2000 条评论的情感分布是：7.7% 的正面、19.9%的负面、72.4%的中立。由于分布的严重不均匀，所以其作者随机去除了部分中立样本，并将剩余的中立样本和正面样本合并为非负面样本。最终，Code Review 数据集包含 1600 个样本，其中，24.9%是负面样本，75.1%是非负面样本。

- **Java Library 数据集**[72,183] 包含 Stack Overflow 上提取的 1500 条关于 API 的句子。每条句子被两名标注者标注了情感强度，其中 −2 代表强负面，−1 代表弱负面，0 代表中立，1 代表弱正面，2 代表强正面。标注完成后，其作者解决标注冲突，并确定每条句子的情感标签。最终，Java Library 数据集包含 1500 个样本，其中，8.7% 是正面样本，79.4% 是中立样本，11.9% 是负面样本。

上述四个数据集的统计数据见表 5-1。除了这四个数据集以外，本节还创建了一个统一的数据集来进一步验证 SEntiMoji 的效果。具体而言，JIRA 数据集、Stack Overflow 数据集、Java Library 数据集都涵盖了三类情感极性，本节将这三个数据集合并，得到统一数据集，即 **Unified-S 数据集**。

表 5-1 软件工程领域情感分析基准数据集

数据集	#	情感极性		负面
		非负面		
		正面	中立	
JIRA	2573	1104（42.9%）	702（27.3%）	767（29.8%）
Stack Overflow	4423	1527（34.5%）	1694（38.3%）	1202（27.2%）
Code Review	1600	1202（75.1%）		398（24.9%）
Java Library	1500	131（8.7%）	1191（79.4%）	178（11.9%）

情绪分析基准数据集：对于情绪分析任务，本节采用了四个基准数据集，包括 JIRA-E1 数据集、SO-E 数据集、JIRA-E2 数据集和 Unified-E 数据集。其中，JIRA-E1 数据集、SO-E 数据集和 Unified-E 数据集是基于 Shaver 框架[64] 标注创建的，而 JIRA-E2 数据集是基于 VAD 模型[65] 标注创建

的。下面将简要介绍每个数据集。

- **JIRA-E1 数据集**[68,184] 是基于前述 JIRA 数据集原先的 5992 个样本过滤得到的新数据集。如上文所述，JIRA 数据集原先被分割为三个部分：Group-1 数据、Group-2 数据和 Group-3 数据。因为本节要使用的基线方法之一 DEVA 利用了 SentiStrength-SE 基于 Group-1 数据得到的启发式经验，所以为了保证比较的公平性，此处不考虑 Group-1 数据。此外，Group-2 数据的分布极不均匀（例如，其中只有 3 个样本被标注为 surprise），机器学习模型很难由此得到有效的分类器。因此，与先前工作[185,186]一致，此处去除了 Group-2 数据，仅使用 Group-3 数据用于情绪分析任务。Group-3 数据涉及四种情绪，即 love、joy、anger 和 sadness。对于每种情绪，Group-3 包含 1000 个标注了是否蕴含该情绪的样本。标注了 love、joy、anger 和 sadness 的样本在其各自对应的 1000 个样本中分别占比 16.6%、12.4%、32.4% 和 30.2%。

- **SO-E 数据集**[187] 与 Stack Overflow 数据集是同一个数据集，包含相同的样本。不同的是，SO-E 数据集中的标签是情绪而非情感极性。具体而言，SO-E 数据集包含 4800 个样本，涉及 6 种情绪，即 love、joy、anger、sadness、fear 和 surprise。每个样本都被标注了是否蕴含每一种情绪，共计 1959 个样本至少蕴含一种情绪。在 SO-E 数据集中的 4800 个样本中，25.4% 被标注了 love，10.2% 被标注了 joy，18.4% 被标注了 anger，4.8% 被标注了 sadness，2.2% 被标注了 fear，

0.9%被标注了 surprise。

• **JIRA-E2 数据集**[188-189] 包含 JIRA 问题追踪平台上提取的 1795 条问题评论。区别于 JIRA-E1 数据集，JIRA-E2 数据集是基于 VAD 模型标注的，VAD 模型将情绪表示成不同水平的效价和唤醒度的组合。具体而言，JIRA-E$_2$ 数据集涉及四种情绪，即 excitement（正效价和高唤醒度）、stress（负效价和高唤醒度）、depression（负效价和低唤醒度）和 relaxation（正效价和低唤醒度）。首先，其作者基于关键词从 JIRA 问题追踪系统中收集了 2000 个可能蕴含效价和唤醒度的样本。其次，雇用标注者基于每个样本的效价和唤醒度，为其标注情绪。在标注过程中，标注者移除了 205 个无法达成一致的样本。在剩余的 1795 个样本中，22.9% 被标注为 excitement，12.6% 被标注为 relaxation，14.0% 被标注为 stress，16.1% 被标注为 depression，34.3% 被标注为 neutral。

上述三个数据集的统计数据见表 5-2 和表 5-3。除了这三个数据集以外，本节还创建了一个统一的数据集来进一步验证 SEntiMoji 的效果。具体而言，因为 JIRA-E1 数据集和 SO-E 数据集都涉及 love、joy、anger 和 sadness 这四种情绪，所以本节将这两个数据集合并，得到统一数据集，即 **Unified-E 数据集**。类似于 JIRA-E1 数据集，Unified-E 数据集包含四个子集，每个子集关注一种情绪，包含 JIRA-E1 数据集中对应于这种情绪的 1000 个样本以及 SO-E 数据集的 4800 个样本。

表 5-2 基于 Shaver 框架的软件工程领域情绪分析基准数据集

数据集	#	情绪分布					
		love	joy	anger	sadness	fear	surprise
JIRA-E1	4*1000	166(16.6%)	124(12.4%)	324(32.4%)	302(30.2%)	—	—
SO-E	4800	1220(25.4%)	491(10.2%)	882(18.4%)	230(4.8%)	106(2.2%)	45(0.9%)

表 5-3 基于 VAD 模型的软件工程领域情绪分析基准数据集

数据集	#	情绪分布				
		excitement	relaxation	stress	depression	neutral
JIRA-E2	1795	411(22.9%)	227(12.6%)	252(14.0%)	289(16.1%)	616(34.3%)

5.5.2.2 基线方法

为了验证 SEntiMoji 的效果，本节选用了软件工程领域现有的情感分析和情绪分析方法以及 SEntiMoji 的变体方法作为基线方法。

情感分析基线方法：本节采用了四个现有情感分析方法作为基线方法，包括 SentiStrength、SentiStrength-SE、SentiCR 和 Senti4SD。其中，SentiStrength 并不是针对软件工程领域提出的，但却被证明在软件工程领域最为流行[82]。下面将具体介绍每种方法。

- **SentiStrength**[76] 是一款开箱即用的情感分析工具，它是基于日常英语文本，而非软件工程领域中普遍存在的科技文本而学习得到的。具体而言，SentiStrength 包含一个内置的词典，词典中的词和短语被赋予了不同的情感强度。对于每一段输入文本，SentiStrength 可以根据该文本在其内置词典中的覆盖程度计算出一个正面情感分数和一个负面情感分数。基于这两者之和，SentiStrength 给出一个三元分数，即 1（正面）、0（中立）、-1（负面）。

- **SentiStrength-SE**[82] 是一款改编自 SentiStrength 的软件工程领域特定的情感分析工具。具体而言，其作者首先将 SentiStrength 应用于 JIRA 数据集的 Group-1 数据上，分析错误样本及其原因，并通过调整 SentiStrength 的内置字典来引入软件工程领域特定的知识，以便尽可能多地解决识别出的错误,最终得到了 SentiStrength-SE。

- **SentiCR**[114] 是一款监督学习式情感分析方法,起初被提出用于分析代码评审的情感极性。其使用词袋的 TF-IDF 作为特征,使用传统的机器学习算法训练得到情感分类器。

- **Senti4SD**[73] 是一款分析软件开发者沟通文本的监督学习式情感分析方法。其利用了三类特征,包括词典特征(基于 SentiStrength 的内置词典计算得到)、关键词特征(例如 uni-grams 和 bi-grams 特征)和语义特征(基于大规模 Stack Overflow 文本训练的词向量计算得到)。最后,使用 SVM 算法训练得到情感分类器。

情绪分析基线方法:本节采用了四种现有情绪分析方法作为基线方法,包括 DEVA、EmoTxt、MarValous 和 ESEM-E。这四种方法都是针对软件工程领域的情绪分析任务提出的。下面将具体介绍每种方法。

- **DEVA**[188] 是一款面向软件工程领域提出的基于字典的情绪分析工具,可以检测 excitement、stress、depression 和 relaxation 这四种情绪。具体而言,其利用了两个现有的唤醒度词典(即通用词典 ANEW[190] 和软件工程特定的词典 SEA[191])和一个现有的效价词典(即 SentiStrength-SE 内置的词典)。另外,为了进一步提升效果,DEVA 整合了 SentiStrength-SE 的所有启发式知识。

- **EmoTxt**[186] 是一款针对软件工程领域情绪分析任务提出的监督学习方法。其利用四类特征,包括 uni-grams 和

bi-grams 特征（基于 TF-IDF）、情绪词典特征（基于 WordNet Affect[192]）、礼貌度特征（基于 Danescu 等[193] 实现的工具）和心境特征（基于 De Smedt 等[194] 实现的工具），并使用 SVM 算法训练得到情绪分类器。

● **MarValous**[195] 是一款用于检测软件工程领域相关交互文本中是否蕴含了 excitement、stress、depression 和 relaxation 的监督学习方法。其利用了包括 n-grams、感叹词、感叹号等七种特征。其中，感叹词特征等是针对该方法所涉及的四种情绪专门设计的。最后，使用机器学习算法训练得到情绪分类器。

● **ESEM-E**[196] 是一款针对软件工程领域情绪分析任务提出的监督学习方法。其利用了 uni-grams 和 bi-grams 作为特征，使用机器学习算法训练得到情绪分类器。

SEntiMoji 的变体方法：SEntiMoji 基于三类数据，即用于训练 DeepMoji 的推文数据、用于领域微调的 GitHub 数据和用于最终训练得到 SEntiMoji 的标签数据。为了度量这三类数据对 SEntiMoji 效果的贡献，本节采用了 SEntiMoji 的七种变体作为基线方法，包括 SEntiMoji-G1、SEntiMoji-G2、SEntiMoji-T、T-80%、T-60%、T-40%和 T-20%。下面将具体介绍每种变体。

SEntiMoji-G1 与 SEntiMoji 使用了一样的模型架构。不同的是，SEntiMoji-G1 使用 GitHub 数据直接训练得到表征模型，而不是通过微调 DeepMoji 而得到。为了公平比较，SEntiMoji-G1 和 SEntiMoji 选用了相同的 64 种绘文字，并采用相同的迁移学习方式来训练得到情感/情绪分类器。与 SEntiMoji 相比，SEntiMoji-G1 仅基于 GitHub 数据和标签数据，未利用推文数据。

另外，由于 SEntiMoji-G1 并未使用预训练的 DeepMoji，因此，实际上，在绘文字的选择上并无约束。为了更好地捕获 GitHub 数据中的情感表达知识，此处引入了 SEntiMoji 的新变体 **SEntiMoji-G2**，其利用了 GitHub 中最常用的 64 种绘文字。具体来说，SEntiMoji-G2 和 SEntiMoji-G1 之间的唯一区别在于绘文字的选择。

SEntiMoji-T 是 SEntiMoji 的另一个变体，其与 SEntiMoji 的区别在于，SEntiMoji-T 使用了 DeepMoji，直接迁移学习得到最终的情感/情绪分类器，并不使用 GitHub 数据。因此，SEntiMoji-T 仅能从标签数据中获得领域特定知识。

T-80%、**T-60%**、**T-40%** 和 **T-20%** 是 SEntiMoji-T 的变体，它们与 SEntiMoji-T 的区别在于标签数据的用量。这四种方法分别随机选取了 80%、60%、40% 和 20% 的 SEntiMoji-T 使用的标签数据，用于训练得到情感/情绪分类器，其余设置保持不变。

5.5.2.3 评价指标

与现有工作[72,188]一致，本节使用整体准确率以及每个情感/情绪类别的精确率、召回率和 F1 值来评价每种方法的表现。

此外，部分数据集（例如 Java Library 数据集）类别分布极不均衡，本节使用了适用于该情况的宏平均指标[197]。具体而言，采用了宏精确率（macro-precision）、宏召回率（macro-recall）和宏 F1 值（macro-F1），这三项指标分别计算了所有类别上的精确率、召回率和 F1 值的平均值。例如，当考虑识别文本中是否蕴含某种情绪的二分类问题时，其宏精确率/宏召回率/宏 F1 值是指两个相应类别（即蕴含该情绪和不蕴含该情绪）上所取得的精确率/召回率/F1 值的平均值。

为了进行综合比较，本节基于上述所有评价指标报告了验证结果。但是，研究者和从业者可以根据自身应用场景有侧重地关注部分评价指标。例如，在精确度比较重要的场景下开展情感分析任务，则需要更多地关注不同方法的精确度水平。

5.5.2.4 具体设置

本节将介绍验证的具体设置，包括五折交叉验证设置、数据集应用设置、统计检验设置以及各方法实现细节。

五折交叉验证设置：为了公平比较，对于每个基准数据集，本节使用相同的五折交叉验证设置来测试每种方法。具体而言，将每个基准数据集随机划分为五等份，以便测试每种方法五次。每次选取一份数据作为测试集，剩余的四份数据作为训练集，使用训练集训练得到每种方法对应的情感/情绪分类器，并将其应用到测试集上。在此设置下，计算了五次每种方法在上述每个评价指标上的表现,并展示五次的平均值。

数据集应用设置: 下面介绍关于数据集的应用设置细节。

- DEVA 和 MarValous 旨在检测 excitement、stress、depression 和 relaxation 四种情绪。因此,本节仅在 JIRA-E2 数据集上将它们与其他方法进行比较。

- 本节将 JIRA 数据集、Stack Overflow 数据集、Java Library 数据集和 Unified-S 数据集考虑为三分类问题,即将文本分类为正面、负面或中立。因为 Code Review 数据集只涉及两个类别(即负面和非负面),所以其被当作二分类问题。此外,因为 JIRA-E2 数据集涉及四种情绪,所以其被当作五分类问题,即将文本分类为 excitement、relaxation、stress、depression 或 neutral。

- JIRA-E1 数据集和 Unified-E 数据集均包含四个子集,每个子集针对一种特定情绪。例如,在针对 joy 的子集中,每条样本被标注为蕴含 joy 或不含 joy。遵循前人工作[68,186]的做法,本节将这两个数据集均考虑为四个二分类任务。在每个任务中,只考虑一种情绪,并使用这种情绪对应的数据子集,训练得到判断文本中是否蕴含该情绪的二分类器。

- SO-E 数据集涉及六种情绪,且每个样本被标注了不止一种情绪标签。为了解决这种复杂的多标签分类问题,本节使用二元相关法(binary relevance method)[198],即将多标签分类转换为为每个标签独立训练一个二分类器。二元相关法是解决多标签分类问题的常见做法[198]。与先前工作[186]一致，本节将 SO-E 数据集考虑为六个二分类任务。在每个任务中，只考虑一种情绪，并使用整个 SO-E 数据集来训练得到判断文本中是否蕴含该情绪的二分类器。

统计检验设置：本节使用了诸多指标从多角度评价每种方法的效果，因此，很难基于不同方法在某一种指标上的效果来判断其优劣。为了检验不同方法的效果是否存在显著差异，本节使用了非参数的 McNemar 检验[169]。该检验并不要求数据呈正态分布，在相关工作[199]中被采用。

因为本节在若干数据集上同时将 SEntiMoji 与现有方法进行比较（即采用了多重假设检验），有更大概率可以观察到 SEntiMoji 在至少一个数据集表现得比至少一种现有方法好[200]。为了提升对结果的自信度，需要对每个单独的比较设置更严格的显著性阈值。为此，使用了 Benjamini-Yekutieli 法[200]对检验结果进行校正。

各方法实现细节：为了提高本节验证的可复现性，下面将具体阐述各基线方法、SEntiMoji 及其变体的实现细节。

- 对于 SentiStrength、SentiStrength-SE 和 DEVA，直接使用其公开工具。
- 对于 SentiCR 和 Senti4SD，使用其作者开源的脚本。其中，对于 SentiCR，使用其作者推荐的梯度提升树算法进行复现。
- 对于 EmoTxt，同样使用了其作者开源的脚本。此外，EmoTxt 在训练阶段提供两种数据采样设置，即 DownSampling

设置和 NoDownSampling 设置。DownSampling 设置随机采样训练数据，使每个类别的样本数都和最小类别的样本数相同；NoDownSampling 设置不改变训练数据的分布。本节采取了这两种设置来训练 EmoTxt，并分别记作 EmoTxt-Down 和 EmoTxt-No。

- 对于 ESEM-E，因为其代码并未开源，所以本节按照其论文[196]中的描述复现了该方法，并使用其作者推荐的 SVM 算法作为训练算法。

- 对于 MarValous，尽管其代码并未直接开源，但是其作者公开了 Python 脚本的编译文件[201]。因此，本节使用了 uncompyle[202] 工具来反编译这些文件，从而获得 MarValous 的训练脚本，并使用其作者推荐的 SVM 算法作为训练算法。

- 对于 SEntiMoji、SEntiMoji-T、T-80%、T-60%、T-40% 和 T-20%，本节基于预训练的 DeepMoji 来实现，并通过 chain-thaw 方法来微调模型参数。在微调过程中，按照 Felbo 等[99]的推荐，使用 Adam 优化器，当梯度的范数超过 1 时，进行裁剪，将训练被替代层时的学习率设置为 10^{-3}，将微调预训练层时的学习率设置为 10^{-4}。

- 对于 SEntiMoji-G1/SEntiMoji-G2，在表征学习阶段，采用了和 DeepMoji 相同的超参数设置，使用 GitHub 数据从头训练得到表征模型，然后在迁移学习阶段，使用与 SEntiMoji 相同的步骤和参数设置来微调表征模型。

5.5.3 实验结果

5.5.3.1 问题1：SEntiMoji 与软件工程领域现有情感分析方法相比，表现如何？

为了回答问题1，本节将 SEntiMoji 与现有的四款情感分析方法（即 SentiStrength、SentiStrength-SE、SentiCR 和 Senti4SD）在 JIRA 数据集、Stack Overflow 数据集、Code Review 数据集、Java Library 数据集和 Unified-S 数据集上进行比较，并将结果展示于表 5-4。对于每个数据集和每个评价指标的组合，表中突出显示了最佳结果。

基于表 5-4，可以观察到 SEntiMoji 在大多数的指标上取得了最佳结果。就 Macro-F1 而言，SEntiMoji 在五个基准数据集上平均高于现有方法 0.036。下面对结果进行具体分析。

首先，将 SEntiMoji 与使用最广泛的 SentiStrength 进行比较。SentiStrength 是一种通用的，而非软件工程领域定制的情感分析工具。就 Macro-F1 而言，SEntiMoji 在五个基准数据集上分别比 SentiStrength 高 0.154、0.060、0.168、0.185 和 0.078。相比之下，在 Stack Overflow 数据集上两者的差距较不明显，仅为 0.060。该"异常"可以归因于 Stack Overflow 数据集的创建过程。具体而言，Calefato 等[73] 根据 SentiStrength 计算的情感得分对原始收集的样本进行采样，导致

表 5-4 SEntiMoji 与软件工程领域现有情感分析方法的比较

数据集	类别	指标	SentiStrength	SentiStrength-SE	SentiCR	Senti4SD	SEntiMoji
JIRA	Pos	precision	0.847	0.936	0.950	0.880	0.947
		recall	0.889	0.922	0.919	0.921	0.945
		F1-score	0.868	0.929	0.934	0.900	0.946
	Neu	precision	0.614	0.710	0.735	0.741	0.823
		recall	0.634	0.844	0.904	0.731	0.880
		F1-score	0.623	0.771	0.811	0.736	0.850
	Neg	precision	0.775	0.871	0.929	0.835	0.922
		recall	0.699	0.734	0.768	0.789	0.864
		F1-score	0.735	0.796	0.840	0.811	0.892
	accuracy		0.763	0.846	0.872	0.830	0.904
	Macro-precision		0.746	0.839	0.871	0.819	0.897
	Macro-recall		0.740	0.833	0.864	0.814	0.896
	Macro-F1		0.742	0.832	0.862	0.816	0.896
Stack Overflow	Pos	precision	0.887	0.908	0.868	0.904	0.932
		recall	0.927	0.823	0.921	0.915	0.940
		F1-score	0.907	0.863	0.894	0.910	0.936
	Neu	precision	0.922	0.726	0.783	0.829	0.840
		recall	0.632	0.784	0.838	0.772	0.842
		F1-score	0.750	0.754	0.809	0.800	0.841

（续）

数据集	类别	指标	SentiStrength	SentiStrength-SE	SentiCR	Senti4SD	SEntiMoji
Stack Overflow	Neg	precision	0.674	0.755	0.843	0.778	0.846
		recall	0.931	0.759	0.686	0.841	0.833
		F1-score	0.780	0.757	0.753	0.808	0.838
	accuracy		0.815	0.800	0.826	0.840	0.873
	Macro-precision		0.827	0.804	0.829	0.837	0.873
	Macro-recall		0.830	0.797	0.815	0.843	0.872
	Macro-F1		0.812	0.798	0.819	0.839	0.872
	Non-Neg	precision	0.806	0.795	0.872	0.840	0.869
		recall	0.814	0.919	0.895	0.912	0.941
		F1-score	0.809	0.852	0.883	0.875	0.904
	Neg	precision	0.506	0.537	0.660	0.638	0.762
		recall	0.474	0.238	0.600	0.475	0.572
		F1-score	0.488	0.372	0.627	0.544	0.653
Code Review	accuracy		0.712	0.761	0.823	0.804	0.849
	Macro-precision		0.612	0.666	0.766	0.739	0.816
	Macro-recall		0.610	0.602	0.748	0.693	0.756
	Macro-F1		0.610	0.612	0.755	0.709	0.778

数据集							
Java Library	Pos	precision	0.202	0.320	0.553	0.472	0.849
		recall	0.369	0.224	0.318	0.203	0.329
		F1-score	0.206	0.262	0.401	0.266	0.472
	Neu	precision	0.858	0.824	0.883	0.860	0.880
		recall	0.768	0.929	0.910	0.926	0.964
		F1-score	0.810	0.873	0.896	0.893	0.920
	Neg	precision	0.396	0.487	0.546	0.522	0.729
		recall	0.434	0.183	0.593	0.463	0.583
		F1-score	0.412	0.265	0.565	0.481	0.644
	accuracy		0.693	0.778	0.821	0.807	0.863
	Macro-precision		0.485	0.544	0.661	0.618	0.819
	Macro-recall		0.524	0.445	0.607	0.531	0.625
	Macro-F1		0.494	0.467	0.621	0.546	0.679
Unified-S	Pos	precision	0.805	0.899	0.904	0.875	0.920
		recall	0.866	0.834	0.862	0.878	0.897
		F1-score	0.834	0.865	0.882	0.877	0.909

（续）

数据集	类别	指标	SentiStrength	SentiStrength-SE	SentiCR	Senti4SD	SEntiMoji
Unified-S	Neu	precision	0.798	0.755	0.771	0.805	0.824
		recall	0.673	0.844	0.873	0.809	0.867
		F1-score	0.730	0.797	0.819	0.807	0.845
	Neg	precision	0.670	0.786	0.795	0.771	0.838
		recall	0.780	0.704	0.666	0.761	0.790
		F1-score	0.721	0.742	0.723	0.765	0.812
	accuracy		0.763	0.805	0.817	0.819	0.857
	Macro-precision		0.762	0.801	0.808	0.816	0.855
	Macro-recall		0.758	0.813	0.823	0.817	0.861
	Macro-F1		0.773	0.794	0.800	0.816	0.851

注：对于每个指标，最高值被突出显示。

SentiStrength 在这些自己选择出来的样本（即 Stack Overflow 数据集）上分类更容易。

其次，将 SEntiMoji 与软件工程领域现有的定制方法（即 SentiStrength-SE、SentiCR 和 Senti4SD）进行比较。总的来说，SentiCR 在三种现有方法中表现最好，其可以在除了 Stack Overflow 和 Unified-S 数据集之外的每个数据集上取得最高的 accuracy 和 Macro-F1。在 Stack Overflow 数据集和 Unified-S 数据集上，其表现比 Senti4SD 稍差。Senti4SD 在这两个数据集上表现较好，是合理的，因为 Senti4SD 使用的语义特征是基于大规模 Stack Overflow 语料训练得到的，所以其在处理 Stack Overflow 数据集和 Unified-S 数据集中的 Stack Overflow 样本时，比 SentiCR 具备更多的知识。SentiCR 总的来说比其他现有的定制方法更有优势，下面将 SEntiMoji 与 SentiCR 进行比较。

相较于 SentiCR，SEntiMoji 在 62 个指标中的 54 个上获得了更好的结果。就 Macro-F1 而言，SEntiMoji 在所有基准数据集上的表现均优于 SentiCR，平均提升了 0.044。此外，SEntiMoji 可以达到更高的 accuracy 水平。例如，在 JIRA 数据集上，SEntiMoji 和 SentiCR 的 accuracy 分别为 0.904 和 0.872。换言之，其错误率分别为 0.096 和 0.128。这表明，在 JIRA 数据集上，与 SentiCR 相比，SEntiMoji 可以减少 25% 的错误。进一步地，发现 SentiCR 和 SEntiMoji 之间的表现差距在某些情况下尤其明显。例如，就 precision 而言，SEntiMoji 与 SentiCR 的表现差异在 Java Library 数据集上明显大于在其他数据集上。这种现象可以归因于不同数据集的预处理方法。以 Stack Overflow 数据集和 Code Review 数据集为例，两者在创建过程中，其作者都进行了样本筛选，使样本的分布比较均衡[73][114]，因此对其进行情感分类也变得更加容易。在这种较为容易的情况下，SentiCR 和 SEntiMoji 无法表现出明显的效果差异。与这些数据集相比，Java Library 数据集的分布较为不平衡，即 79.4% 的样本都是中立样本。在此情况下，SEntiMoji 可以在保持与现有方法相似的 recall 水平的同时，在正面样本和负面样本上将 precision 提高 0.296 和 0.183，证明了 SEntiMoji 的优越性。

最后，为了验证 SEntiMoji 在情感分析任务上的优越性在统计意义上是否显著，对于每个数据集，将 SEntiMoji 与每个基线方法的分类结果进行 McNemar 检验，检验结果如表 5-5 所示。结果表明，在所有基准数据集上，SEntiMoji 都在 5% 的显著性水平下显著优于现有方法。

表 5-5　SEntiMoji 与软件工程领域现有情感分析方法的 McNemar 检验结果（括号中为校正后的 p 值）

数据集	SentiStrength	SentiStrength-SE	SentiCR	Senti4SD
JIRA	231.843(0.000)	62.510(0.000)	23.616(0.000)	85.708(0.000)
Stack Overflow	95.394(0.000)	128.548(0.000)	76.963(0.000)	38.686(0.000)
Code Review	102.202(0.000)	55.840(0.000)	7.320(0.025)	19.711(0.000)
Java Library	160.160(0.000)	69.522(0.000)	20.556(0.000)	40.786(0.000)
Unified-S	377.202(0.000)	154.756(0.000)	99.070(0.000)	91.187(0.000)

注：该表格中所有报告结果都在 5% 的显著性水平下显著。

5.5.3.2 问题2：SEntiMoji 与软件工程领域现有情绪分析方法相比，表现如何？

为了回答问题2，本节将 SEntiMoji 与现有五款情绪分析方法（即 DEVA、EmoTxt-Down、EmoTxt-No、MarValous 和 ESEM-E）在 JIRA-E1 数据集、SO-E 数据集、JIRA-E2 数据集和 Unified-E 数据集上进行比较。如 5.5.2.4 节所述，本节仅在 JIRA-E2 数据集上测试 DEVA 和 MarValous，且将 JIRA-E1 数据集、SO-E 数据集和 Unified-E 数据集分别考虑为四个、六个和四个二分类任务。

所有方法的表现如表 5-6 所示。对于每个数据集和每个评价指标的组合，表中突出显示了最佳结果。为了节约空间，对于 JIRA-E1 数据集、SO-E 数据集和 Unified-E 数据集上的每个任务，只报告待检测情绪的 precision、recall、F1-score 以及总体的 accuracy、Macro-precision、Macro-recall 和 Macro-F1。

基于表 5-6，可以观察到 SEntiMoji 在大多数的指标上取得了最佳结果。尤其是 SEntiMoji 在所有任务上均取得了最高的 accuracy，在 15 个任务中的 14 个上取得了最高 Macro-F1。就 Macro-F1 而言，SEntiMoji 在各任务上平均超过现有方法 0.036。下面对结果进行具体分析。

首先，将 SEntiMoji 与 DEVA 和 MarValous 进行比较。就 JIRA-E2 数据集上的 19 个指标而言，SEntiMoj 均超过了 DEVA。

表 5-6　SEntiMoji 与软件工程领域现有情绪分析方法的比较

数据集	类别	指标	DEVA	EmoTxt-Down	EmoTxt-No	MarValous	ESEM-E	SEntiMoji
JIRA-E1	love	precision	—	0.377	0.316	—	0.663	0.713
		recall	—	0.936	0.066	—	0.390	0.674
		F1-score	—	0.531	0.103	—	0.483	0.692
		accuracy	—	0.740	0.830	—	0.865	0.907
		Macro-precision	—	0.679	0.578	—	0.774	0.825
		Macro-recall	—	0.819	0.526	—	0.676	0.813
		Macro-F1	—	0.674	0.504	—	0.703	0.818
	joy	precision	—	0.397	0.820	—	0.728	0.780
		recall	—	0.753	0.291	—	0.421	0.503
		F1-score	—	0.489	0.426	—	0.528	0.606
		accuracy	—	0.790	0.904	—	0.911	0.921
		Macro-precision	—	0.680	0.864	—	0.826	0.857
		Macro-recall	—	0.774	0.641	—	0.700	0.741
		Macro-F1	—	0.676	0.687	—	0.739	0.781
	anger	precision	—	0.622	0.761	—	0.739	0.835
		recall	—	0.642	0.503	—	0.554	0.664
		F1-score	—	0.603	0.566	—	0.633	0.739
		accuracy	—	0.718	0.755	—	0.784	0.843
		Macro-precision	—	0.720	0.776	—	0.769	0.840
		Macro-recall	—	0.694	0.689	—	0.727	0.798
		Macro-F1	—	0.683	0.691	—	0.740	0.813

SO-E	sadness	precision	—	0. 822	0. 976	—	0. 859	0. 931
		recall	—	0. 714	0. 636	—	0. 607	0. 765
		F1-score	—	0. 741	0. 769	—	0. 709	0. 838
		accuracy	—	0. 843	0. 885	—	0. 851	0. 911
		Macro-precision	—	0. 852	0. 920	—	0. 854	0. 918
		Macro-recall	—	0. 807	0. 815	—	0. 782	0. 869
		Macro-F1	—	0. 813	0. 846	—	0. 805	0. 888
	love	precision	—	0. 669	0. 803	—	0. 786	0. 807
		recall	—	0. 781	0. 584	—	0. 645	0. 814
		F1-score	—	0. 702	0. 676	—	0. 708	0. 810
		accuracy	—	0. 846	0. 858	—	0. 865	0. 903
		Macro-precision	—	0. 795	0. 836	—	0. 836	0. 872
		Macro-recall	—	0. 825	0. 767	—	0. 793	0. 874
		Macro-F1	—	0. 807	0. 792	—	0. 810	0. 872
	joy	precision	—	0. 271	0. 712	—	0. 471	0. 744
		recall	—	0. 607	0. 184	—	0. 338	0. 379
		F1-score	—	0. 374	0. 291	—	0. 392	0. 475
		accuracy	—	0. 792	0. 908	—	0. 893	0. 913
		Macro-precision	—	0. 795	0. 836	—	0. 699	0. 872
		Macro-recall	—	0. 825	0. 767	—	0. 647	0. 874
		Macro-F1	—	0. 807	0. 792	—	0. 667	0. 872

(续)

数据集	类别	指标	DEVA	EmoTxt-Down	EmoTxt-No	MarValous	ESEM-E	SEntiMoji
SO-E	anger	precision	—	0.486	0.778	—	0.682	0.812
		recall	—	0.690	0.480	—	0.456	0.677
		F1-score	—	0.570	0.593	—	0.547	0.738
		accuracy	—	0.809	0.880	—	0.861	0.912
		Macro-precision	—	0.705	0.835	—	0.784	0.871
		Macro-recall	—	0.763	0.725	—	0.704	0.821
		Macro-F1	—	0.724	0.761	—	0.732	0.842
	sadness	precision	—	0.230	0.783	—	0.580	0.794
		recall	—	0.700	0.225	—	0.364	0.455
		F1-score	—	0.344	0.347	—	0.447	0.577
		accuracy	—	0.871	0.960	—	0.957	0.968
		Macro-precision	—	0.607	0.872	—	0.774	0.884
		Macro-recall	—	0.790	0.611	—	0.675	0.725
		Macro-F1	—	0.636	0.663	—	0.712	0.780
	fear	precision	—	0.129	0.800	—	0.617	0.682
		recall	—	0.808	0.046	—	0.162	0.296
		F1-score	—	0.220	0.087	—	0.245	0.404
		accuracy	—	0.878	0.979	—	0.979	0.981
		Macro-precision	—	0.562	0.889	—	0.799	0.833
		Macro-recall	—	0.844	0.523	—	0.580	0.646
		Macro-F1	—	0.577	0.538	—	0.617	0.697

JIRA-E2	surprise	precision	—	0.018	—	—	0.467	0.400
		recall	—	0.615	0.000	—	0.063	0.045
		F1-score	—	0.034	—	—	0.109	0.081
		accuracy	—	0.570	0.991	—	0.990	0.993
		Macro-precision	—	0.506	—	—	0.729	0.696
		Macro-recall	—	0.592	0.500	—	0.531	0.522
		Macro-F1	—	0.362	—	—	0.552	0.538
	excitement	precision	0.876	0.844	0.858	0.889	0.874	0.904
		recall	0.894	0.826	0.841	0.946	0.949	0.942
		F1-score	0.884	0.834	0.849	0.917	0.909	0.922
	relaxation	precision	0.855	0.648	0.824	0.828	0.834	0.858
		recall	0.656	0.768	0.585	0.741	0.800	0.814
		F1-score	0.742	0.693	0.682	0.778	0.816	0.834
	stress	precision	0.723	0.677	0.839	0.793	0.881	0.853
		recall	0.658	0.579	0.473	0.482	0.573	0.721
		F1-score	0.688	0.622	0.604	0.595	0.693	0.780
	depression	precision	0.780	0.713	0.823	0.812	0.902	0.846
		recall	0.754	0.793	0.637	0.781	0.792	0.841
		F1-score	0.766	0.744	0.716	0.795	0.843	0.842

（续）

数据集	类别	指标	DEVA	EmoTxt-Down	EmoTxt-No	MarValous	ESEM-E	SEntiMoji
JIRA-E2	neutral	precision	0.852	0.846	0.683	0.815	0.832	0.911
		recall	0.956	0.768	0.954	0.950	0.964	0.965
		F1-score	0.901	0.794	0.795	0.877	0.893	0.937
		accuracy	0.830	0.759	0.764	0.830	0.857	0.886
		Macro-precision	0.817	0.746	0.806	0.828	0.865	0.875
		Macro-recall	0.783	0.747	0.698	0.780	0.816	0.856
		Macro-F1	0.796	0.737	0.729	0.792	0.831	0.863
Unified-E	love	precision	—	0.640	0.798	—	0.772	0.828
		recall	—	0.763	0.504	—	0.700	0.726
		F1-score	—	0.696	0.618	—	0.734	0.774
		accuracy	—	0.842	0.853	—	0.879	0.907
		Macro-precision	—	0.784	0.821	—	0.840	0.871
		Macro-recall	—	0.827	0.747	—	0.817	0.875
		Macro-F1	—	0.800	0.773	—	0.828	0.872
	joy	precision	—	0.339	0.848	—	0.549	0.739
		recall	—	0.649	0.214	—	0.356	0.372
		F1-score	—	0.445	0.341	—	0.431	0.495
		accuracy	—	0.793	0.906	—	0.901	0.913
		Macro-precision	—	0.619	0.804	—	0.738	0.802
		Macro-recall	—	0.727	0.592	—	0.660	0.663
		Macro-F1	—	0.635	0.625	—	0.688	0.705

第5章 基于迁移学习的领域特定动态用户情境解析技术

anger	precision	—	0.573	0.804	—	0.761	0.831
	recall	—	0.717	0.514	—	0.614	0.652
	F1-score	—	0.637	0.627	—	0.679	0.731
	accuracy	—	0.812	0.864	—	0.878	0.896
	Macro-precision	—	0.727	0.830	—	0.831	0.859
	Macro-recall	—	0.769	0.726	—	0.781	0.814
	Macro-F1	—	0.742	0.759	—	0.802	0.833
sadness	precision	—	0.589	0.889	—	0.805	0.886
	recall	—	0.673	0.566	—	0.561	0.678
	F1-score	—	0.628	0.692	—	0.661	0.768
	accuracy	—	0.926	0.953	—	0.947	0.955
	Macro-precision	—	0.781	0.926	—	0.881	0.913
	Macro-recall	—	0.807	0.772	—	0.774	0.798
	Macro-F1	—	0.789	0.825	—	0.816	0.843

注：对于每个指标，最高值被突出显示。

考虑到 DEVA 和 SEntiMoji 的 accuracy 是 0.830 和 0.886，其错误率分别是 0.170 和 0.114。换言之，与 DEVA 相比，SEntiMoji 可以减少 32.9% 的错误。类似地，SEntiMoji 可以在 JIRA-E2 数据集的 19 个指标中的 18 个上超过 MarValous。

其次，将 SEntiMoji 与 EmoTxt-Down 进行比较。EmoTxt-Down 的一个明显优势是，在 JIRA-E1 数据集和 SO-E 数据集的 10 个任务中的 7 个上取得了最高的 recall。这可以归因于 EmoTxt-Down 通过采样训练数据保证了各类别均衡。相比之下，SEntiMoji 基于不均衡数据训练，因此，倾向于将测试样本预测为占比较大的类别（即没有情绪）。在这种情况下，SEntiMoji 无法找到与 EmoTxt-Down 一样多的情绪样本，导致 recall 偏低。但是，EmoTxt-Down 的缺点也很明显，其对情绪样本的 precision 通常远低于 SEntiMoji。例如，在 SO-E 数据集的 sadness 检测任务中，SEntiMoji 在 sadness 样本上取得的 precision 是 EmoTxt-Down 结果的 3 倍以上。EmoTxt-Down 的这个缺点同样归因于其采样策略。由于 JIRA-E1 和 SO-E 数据集中缺少情绪样本，所以为了实现各类别的分布均衡，EmoTxt-Down 需要过滤大量非情绪样本。这使 EmoTxt-Down 缺乏关于非情绪样本的知识，加大了将非情绪样本判断为蕴含情绪的可能性，继而导致情绪样本的 precision 较低。相比之下，SEntiMoji 可以在 precision 和 recall 之间取得更好的平衡（即更高的 F1-score）。

再次，比较 SEntiMoji 与 EmoTxt-No。在几乎所有指标上，

SEntiMoji 都可以超过 EmoTxt-No。EmoTxt-No 的主要缺点是 recall 低（尤其是在 JIRA-E1 和 SO-E 数据集上）。例如，在 JIRA-E1 数据集的 love 检测任务中，EmoTxt-No 在 love 样本上的 recall 仅为 0.066，而 SEntiMoji 取得的 recall 为 0.674。在 SO-E 数据集的 surprise 检测任务中，EmoTxt-No 甚至无法区分 surprise 样本和非 surprise 样本，从而将所有测试样本均归为非 surprise。○EmoTxt-No 在这两个数据集上的低 recall 可以归因于数据集中情绪样本的稀缺，这种稀缺导致了 EmoTxt-No 缺乏关于情绪样本的知识，从而只能正确识别出少量情绪样本。相比之下，SEntiMoji 是基于富含情绪信息的大规模绘文字数据训练得到的，所以可以有效缓解这一问题。

最后，将 SEntiMoji 与 ESEM-E 进行比较。尽管在 SO-E 数据集的 surprise 任务中，ESEM-E 取得的 Macro-F1 值比 SEntiMoji 高，但是在其他所有任务中，其 Macro-F1 均低于 SEntiMoji。此外，在所有任务中，SEntiMoji 的 accuracy 均高于 ESEM-E。

为了验证 SEntiMoji 在情绪分析任务上的优越性是否显著，对于每个数据集，将 SEntiMoji 与每个基线方法预测出的结果进行 McNemar 检验，检验结果如表 5-7 所示。结果表明，

○ 因为所有测试样本都被分类为非 surprise，所以无法为 surprise 类别计算出 precision 和 F1-score。

表5-7 SEntiMoji 与软件工程领域现有情绪分析方法的 McNemar 检验结果（括号中为校正后的 p 值）

数据集	DEVA	EmoTxt-Down	EmoTxt-No	MarValous	ESEM-E
JIRA-E1(love)	—	110.667(0.000)	41.554(0.000)	—	13.779(0.000)
JIRA-E1(joy)	—	77.880(0.000)	4.655(0.154)	—	1.446(1.000)
JIRA-E1(anger)	—	64.996(0.000)	38.844(0.000)	—	19.572(0.000)
JIRA-E1(sadness)	—	38.042(0.000)	9.766(0.009)	—	29.500(0.000)
SO-E(love)	—	117.926(0.000)	79.812(0.000)	—	59.135(0.000)
SO-E(joy)	—	358.605(0.000)	7.006(0.011)	—	37.748(0.000)
SO-E(anger)	—	296.168(0.000)	54.951(0.000)	—	113.717(0.000)
SO-E(sadness)	—	366.483(0.000)	17.686(0.000)	—	23.805(0.000)
SO-E(fear)	—	406.638(0.000)	2.439(0.572)	—	1.961(0.763)
SO-E(surprise)	—	1964.459(0.000)	0.000(1.000)	—	0.167(1.000)
JIRA-E2	33.670(0.000)	139.268(0.000)	137.751(0.000)	39.204(0.000)	12.505(0.000)
Unified-E(love)	—	187.258(0.000)	137.597(0.000)	—	46.942(0.000)
Unified-E(joy)	—	423.398(0.000)	13.900(0.000)	—	16.150(0.000)
Unified-E(anger)	—	243.892(0.000)	55.684(0.000)	—	19.924(0.000)
Unified-E(sadness)	—	95.675(0.000)	7.562(0.031)	—	13.170(0.000)

注：在5%的显著性水平下显著的结果被突出显示。

SEntiMoji 在除了 JIRA-E1 数据集的 joy 检测任务以及 SO-E 数据集的 fear 和 surprise 检测任务以外的所有任务中，都在 5% 的显著性水平下显著优于现有情绪分析方法。在 JIRA-E1 数据集中，被标注为 joy 的样本仅占 12.4%，远少于被标注为其他三种情绪的样本。这样的样本分布导致了 JIRA-E1 数据集上的 joy 检测任务极其困难，就连 SEntiMoji 也无法取得显著超过现有方法的表现。类似地，fear 检测和 surprise 检测是 SO-E 数据集上最难的两个任务，因为标注为这两类情感的样本只占总样本的 2.2% 和 0.9%。以 SO-E 数据集上的 surprise 检测任务为例，考虑到超过 99% 的样本被标注为非 surprise，该检测任务极其困难。在此情况下，EmoTxt-No 甚至无法正确识别任何一个 surprise 样本。虽然 SEntiMoji 不像 EmoTxt-No 一样表现得很差，但是也无法取得显著超过现有方法的表现。

5.5.3.3 问题 3：哪种训练数据对于 SEntiMoji 的效果贡献较大？

SEntiMoji 在绝大多数基准数据集上显著超过现有方法，本节将深入探究其效果背后的原因（即哪种训练数据对 SEntiMoji 的效果贡献较大），给未来的研究以启示。由于 SEntiMoji 在 JIRA-E1 数据集的 joy 检测任务以及 SO-E 数据集的 fear 检测和 surprise 检测任务上没有显著超过现有方法，所以此处不考虑这三个任务。在其余任务上，比较了 SEntiMoji 及其变体的表现，以便度量不同训练数据的贡献。

GitHub 数据与推文数据：首先，将 SEntiMoji 与 SEntiMoji-G1、SEntiMoji-G2 和 SEntiMoji-T 进行比较，以度量 GitHub 数据和推文数据的贡献。这四种方法使用了相同的模型架构和相同的标签数据，仅在表征模型的学习过程中使用了不同的外部数据。具体而言，SEntiMoji 使用推文数据学习了通用的情感知识，并使用 GitHub 数据学习了软件工程领域的知识。相比之下，SEntiMoji-G1 和 SEntiMoji-G2 仅使用 GitHub 数据，而 SEntiMoji-T 仅使用推文数据。这四种方法在情感分析和情绪分析任务上的表现报告于表 5-8 和表 5-9。此外，为了评估表现差异的显著性，采用了 McNemar 检验，比较了 SEntiMoji-G1、SEntiMoji-G2 和 SEntiMoji-T 与 SEntiMoji，检验结果如表 5-10 所示。下面将具体分析比较结果。

情感分析结果：如表 5-8 所示，SEntiMoji-T 取得了与 SEntiMoji 相当的结果，在五个基准数据集上，相较于 SEntiMoji，SEntiMoji-T 的 Macro-F1 平均下降仅 0.013。在 Unified-S 数据集上，SEntiMoji-T 甚至取得了比 SEntiMoji 更高的 Macro-F1。统计检验的结果也表明，SEntiMoji 和 SEntiMoji-T 表现相当。如表 5-10 所示，在五个情感分析的基准数据集上，SEntiMoji 和 SEntiMoji-T 之间的表现差异在统计意义上并不显著。

相比之下，SEntiMoji-G1 和 SEntiMoji-G2 较 SEntiMoji 而言，表现下降更为明显。就 Macro-F1 而言，SEntiMoji-G1 和 SEntiMoji-G2 相较于 SEntiMoji，平均下降 0.091 和 0.174，是

SEntiMoji-T 下降量的 7 倍和 13 倍。此外，SEntiMoji-G1 和 SEntiMoji-G2 失去了基于绘文字的方法在 Java Library 数据集的 precision 上的优势。具体而言，SEntiMoji-G1 和 SEntiMoji-G2 在 Java Library 数据集的负面样本上所取得的 precision 分别为 0.489 和 0.311，远低于 SEntiMoji（0.729）和 SEntiMoji-T（0.734）所取得的 precision。此外，表 5-10 中的检验结果表明，在五个情感分析的基准数据集上，SEntiMoji 均可显著优于 SEntiMoji-G1 和 SEntiMoji-G2（$p\text{-value}=0.000$）。

情绪分析结果：如表 5-9 所示，SEntiMoji-T 与 SEntiMoji 在情绪分析任务上取得了相当的结果。就 Macro-F1 而言，SEntiMoji-T 在三个任务上的表现优于 SEntiMoji，平均提高了 0.008。在剩余的 9 个任务中，SEntiMoji-T 的表现稍差，但是，与 SEntiMoji 相比，Macro-F1 平均下降仅 0.009。表 5-10 中的检验结果进一步表明，在 12 个情绪分析任务的 11 个当中，SEntiMoji 和 SEntiMoji-T 之间的表现差异不显著。

相比之下，SEntiMoji-G1 和 SEntiMoji-G2 的表现明显差于 SEntiMoji。例如，在 JIRA-E2 数据集上，SEntiMoji-G1 和 SEntiMoji-G2 取得的 Macro-F1 为 0.596 和 0.569，分别比 SEntiMoji 低 0.267 和 0.294。此外，表 5-10 中的检验结果表明，SEntiMoji 在 12 个情绪分析任务的 11 个当中的表现显著优于 SEntiMoji-G1/SEntiMoji-G2。

上述对情感分析和情绪分析的结果表明，SEntiMoji-T 可以获得与 SEntiMoji 相当的表现，而 SEntiMoji-G1/SEntiMoji-G2

表 5-8 SEntiMoji 与 SEntiMoji-G1/G2/T 在软件工程领域情感分析任务中的比较

数据集	类别	指标	SEntiMoji	SEntiMoji-G1	SEntiMoji-G2	SEntiMoji-T
JIRA	Pos	precision	0.947	0.938	0.885	0.939
		recall	0.945	0.920	0.868	0.933
		F1-score	0.946	0.928	0.876	0.936
	Neu	precision	0.823	0.780	0.707	0.808
		recall	0.880	0.869	0.752	0.866
		F1-score	0.850	0.822	0.729	0.845
	Neg	precision	0.922	0.888	0.808	0.913
		recall	0.864	0.818	0.782	0.839
		F1-score	0.892	0.851	0.795	0.874
	accuracy		0.904	0.876	0.811	0.893
	Macro-precision		0.897	0.869	0.800	0.887
	Macro-recall		0.896	0.869	0.801	0.886
	Macro-F1		0.896	0.867	0.800	0.885
	Pos	precision	0.932	0.908	0.794	0.921
		recall	0.940	0.864	0.782	0.937
		F1-score	0.936	0.885	0.788	0.929
	Neu	precision	0.840	0.753	0.667	0.841
		recall	0.842	0.805	0.733	0.840
		F1-score	0.841	0.778	0.698	0.841

			precision	recall	F1-score	
Stack Overflow	Neg	precision	0.846	0.762	0.694	0.854
		recall	0.833	0.736	0.612	0.838
		F1-score	0.838	0.748	0.650	0.845
	accuracy		0.873	0.806	0.717	0.873
	Macro-precision		0.873	0.808	0.718	0.872
	Macro-recall		0.872	0.801	0.709	0.872
	Macro-F1		0.872	0.804	0.712	0.872
Code Review	Non-Neg	precision	0.869	0.801	0.778	0.850
		recall	0.941	0.943	0.939	0.958
		F1-score	0.904	0.865	0.851	0.900
	Neg	precision	0.762	0.633	0.507	0.793
		recall	0.572	0.291	0.188	0.491
		F1-score	0.653	0.393	0.275	0.603
	accuracy		0.849	0.780	0.752	0.841
	Macro-precision		0.816	0.717	0.642	0.821
	Macro-recall		0.756	0.617	0.564	0.724
	Macro-F1		0.778	0.629	0.563	0.752

(续)

数据集	类别	指标	SEntiMoji	SEntiMoji-G1	SEntiMoji-G2	SEntiMoji-T
Java Library	Pos	precision	0.849	0.737	0.643	0.878
		recall	0.329	0.230	0.069	0.281
		F1-score	0.472	0.349	0.124	0.426
	Neu	precision	0.880	0.834	0.808	0.869
		recall	0.964	0.967	0.977	0.971
		F1-score	0.920	0.895	0.884	0.917
	Neg	precision	0.729	0.489	0.311	0.734
		recall	0.583	0.223	0.079	0.513
		F1-score	0.644	0.302	0.126	0.599
	accuracy		0.863	0.814	0.791	0.859
	Macro-precision		0.819	0.687	0.587	0.827
	Macro-recall		0.625	0.473	0.375	0.589
	Macro-F1		0.679	0.516	0.378	0.647
	Pos	precision	0.920	0.875	0.861	0.914
		recall	0.897	0.840	0.811	0.897
		F1-score	0.909	0.857	0.835	0.906
	Neu	precision	0.824	0.765	0.719	0.829
		recall	0.867	0.817	0.833	0.865
		F1-score	0.845	0.789	0.771	0.846

数据集	类别	指标	SEntiMoji	SEntiMoji-G1	SEntiMoji-G2	SEntiMoji-T
Unified-S	Neg	precision	0.838	0.803	0.744	0.843
		recall	0.790	0.752	0.602	0.801
		F1-score	0.812	0.776	0.665	0.820
		accuracy	0.857	0.808	0.767	0.859
		Macro-precision	0.861	0.814	0.774	0.862
		Macro-recall	0.851	0.803	0.749	0.854
		Macro-F1	0.855	0.808	0.757	0.857

注：对于每个指标，最高值被突出显示。

表 5-9　SEntiMoji 与 SEntiMoji-G1/G2/T 在软件工程领域情绪分析任务中的比较

数据集	类别	指标	SEntiMoji	SEntiMoji-G1	SEntiMoji-G2	SEntiMoji-T
JIRA-E1	love	precision	0.713	0.664	0.719	0.743
		recall	0.674	0.732	0.554	0.692
		F1-score	0.692	0.694	0.626	0.713
		accuracy	0.907	0.901	0.890	0.915
		Macro-precision	0.825	0.806	0.817	0.843
		Macro-recall	0.813	0.832	0.756	0.824
		Macro-F1	0.818	0.817	0.781	0.831

（续）

数据集	类别	指标	SEntiMoji	SEntiMoji-G1	SEntiMoji-G2	SEntiMoji-T
JIRA-E1	anger	precision	0.835	0.658	0.704	0.846
		recall	0.664	0.512	0.508	0.647
		F1-score	0.739	0.575	0.590	0.733
		accuracy	0.843	0.744	0.761	0.841
		Macro-precision	0.840	0.717	0.742	0.843
		Macro-recall	0.798	0.687	0.699	0.793
		Macro-F1	0.813	0.696	0.711	0.809
	sadness	precision	0.931	0.900	0.741	0.937
		recall	0.765	0.663	0.570	0.722
		F1-score	0.838	0.761	0.644	0.813
		accuracy	0.911	0.875	0.810	0.900
		Macro-precision	0.918	0.884	0.786	0.914
		Macro-recall	0.869	0.815	0.742	0.849
		Macro-F1	0.888	0.838	0.757	0.873
	love	precision	0.807	0.788	0.763	0.808
		recall	0.814	0.730	0.571	0.766
		F1-score	0.810	0.757	0.654	0.786
		accuracy	0.903	0.881	0.846	0.894
		Macro-precision	0.872	0.849	0.814	0.865
		Macro-recall	0.874	0.831	0.755	0.852
		Macro-F1	0.872	0.839	0.777	0.858

SO-E	joy	precision	0.744	0.641	0.645	0.668
		recall	0.379	0.152	0.100	0.262
		F1-score	0.475	0.243	0.173	0.374
		accuracy	0.913	0.904	0.902	0.911
		Macro-precision	0.832	0.776	0.776	0.795
		Macro-recall	0.629	0.571	0.547	0.624
		Macro-F1	0.675	0.596	0.560	0.663
	anger	precision	0.812	0.721	0.709	0.801
		recall	0.677	0.527	0.331	0.650
		F1-score	0.738	0.607	0.451	0.717
		accuracy	0.912	0.875	0.852	0.906
		Macro-precision	0.871	0.810	0.787	0.863
		Macro-recall	0.821	0.740	0.65	0.807
		Macro-F1	0.842	0.766	0.683	0.830
	sadness	precision	0.794	0.690	0.723	0.812
		recall	0.455	0.341	0.148	0.447
		F1-score	0.577	0.451	0.245	0.575
		accuracy	0.968	0.960	0.956	0.969
		Macro-precision	0.884	0.829	0.841	0.893
		Macro-recall	0.725	0.666	0.572	0.721
		Macro-F1	0.780	0.715	0.612	0.779

（续）

数据集	类别	指标	SEntiMoji	SEntiMoji-G1	SEntiMoji-G2	SEntiMoji-T
JIRA-E2	excitement	precision	0.904	0.696	0.628	0.909
		recall	0.942	0.716	0.625	0.949
		F1-score	0.922	0.704	0.627	0.928
	relaxation	precision	0.858	0.678	0.595	0.872
		recall	0.814	0.442	0.454	0.804
		F1-score	0.834	0.529	0.515	0.835
	stress	precision	0.853	0.611	0.525	0.840
		recall	0.721	0.444	0.337	0.758
		F1-score	0.780	0.513	0.411	0.796
	depression	precision	0.846	0.546	0.614	0.866
		recall	0.841	0.416	0.512	0.848
		F1-score	0.842	0.471	0.558	0.856
	neutral	precision	0.911	0.668	0.646	0.914
		recall	0.965	0.885	0.849	0.958
		F1-score	0.937	0.761	0.734	0.935
	accuracy		0.886	0.653	0.622	0.891
	Macro-precision		0.875	0.640	0.602	0.880
	Macro-recall		0.856	0.581	0.555	0.863
	Macro-F1		0.863	0.596	0.569	0.870

Unified-E	love	precision	0.801	0.725	0.762	0.806
		recall	0.814	0.765	0.588	0.791
		F1-score	0.806	0.743	0.664	0.797
		accuracy	0.907	0.874	0.858	0.904
		Macro-precision	0.871	0.825	0.820	0.870
		Macro-recall	0.875	0.836	0.765	0.865
		Macro-F1	0.872	0.830	0.787	0.867
	joy	precision	0.676	0.395	0.615	0.670
		recall	0.346	0.305	0.091	0.319
		F1-score	0.457	0.344	0.159	0.432
		accuracy	0.913	0.877	0.898	0.911
		Macro-precision	0.802	0.658	0.759	0.797
		Macro-recall	0.663	0.625	0.542	0.650
		Macro-F1	0.705	0.638	0.552	0.692
	anger	precision	0.801	0.687	0.754	0.806
		recall	0.672	0.643	0.378	0.666
		F1-score	0.730	0.663	0.503	0.728
		accuracy	0.896	0.863	0.843	0.896
		Macro-precision	0.859	0.796	0.804	0.860
		Macro-recall	0.814	0.783	0.672	0.811
		Macro-F1	0.833	0.789	0.705	0.832

(续)

数据集	类别	指标	SEntiMoji	SEntiMoji-G1	SEntiMoji-G2	SEntiMoji-T
Unified-E	sadness	precision	0.864	0.570	0.833	0.864
		recall	0.605	0.598	0.412	0.618
		F1-score	0.711	0.582	0.551	0.718
		accuracy	0.955	0.921	0.938	0.956
		Macro-precision	0.913	0.764	0.888	0.913
		Macro-recall	0.798	0.776	0.702	0.804
		Macro-F1	0.843	0.769	0.759	0.847

注：对于每个指标，最高值被突出显示。

表5-10 SEntiMoji 与 SEntiMoji-G1/G2/T 的 McNemar 检验结果（括号中为校正后的 p 值）

数据集	SEntiMoji-G1	SEntiMoji-G2	SEntiMoji-T
JIRA	19.066(0.000)	130.021(0.000)	5.134(0.156)
Stack Overflow	136.970(0.000)	444.582(0.000)	0.004(1.000)
Code Review	44.981(0.000)	76.257(0.000)	1.482(1.000)
Java Library	32.494(0.000)	62.223(0.000)	1.266(1.000)
Unified-S	202.197(0.000)	378.750(0.000)	0.431(1.000)
JIRA-E1(love)	0.446(1.000)	3.241(0.448)	1.441(1.000)

JIRA-E1(anger)	46.782(0.000)	36.285(0.000)	0.025(1.000)
JIRA-E1(sadness)	17.014(0.000)	68.966(0.000)	3.030(0.497)
SO-E(love)	29.312(0.000)	112.953(0.000)	9.333(0.014)
SO-E(joy)	17.794(0.000)	25.442(0.000)	4.124(0.277)
SO-E(anger)	70.240(0.000)	146.616(0.000)	4.050(0.282)
SO-E(sadness)	19.557(0.000)	29.867(0.000)	0.000(1.000)
JIRA-E2	325.635(0.000)	388.418(0.000)	0.598(1.000)
Unified-E(love)	87.695(0.000)	111.573(0.000)	1.053(1.000)
Unified-E(joy)	128.380(0.000)	27.458(0.000)	0.709(1.000)
Unified-E(anger)	87.862(0.000)	126.185(0.000)	0.005(1.000)
Unified-E(sadness)	144.966(0.000)	46.312(0.000)	0.136(1.000)

注：在5%的显著性水平下显著的结果被突出显示。

的表现明显差于 SEntiMoji。因此，可以得出结论，推文数据比 GitHub 数据对 SEntiMoji 的贡献更大。

标签数据的贡献：下面度量标签数据的贡献。为此，将 SEntiMoji-T 及其变体（即 T-80%、T-60%、T-40% 和 T-20%）进行比较，以便验证模型的表现是否随标签数据的减少而下降。这五种方法均仅使用推文数据进行表征模型学习，并且仅从标签数据中学习软件工程领域的知识，唯一的区别是它们使用的标签数据的数量不同。这些方法在情感分析和情绪分析任务上的表现汇总于表 5-11 和表 5-12。此外，为了评估表现差异的显著性，采用了 McNemar 检验，比较了 T-80%、T-60%、T-40% 和 T-20% 与 SEntiMoji-T，检验结果如表 5-13 所示。下面将具体分析比较结果。

情感分析结果：表 5-11 列出了 SEntiMoji-T 及其变体在情感分析任务上的表现。可以观察到，当使用 80% 的标签数据时，T-80% 表现与 SEntiMoji-T 相当。就 Macro-F1 而言，T-80% 在 Code Review 数据集上甚至比 SEntiMoji-T 取得了更好的结果（尽管仅提升 0.011）；在 Unified-S 数据集上，SEntiMoji-T 和 T-80% 取得的 Macro-F1 相同；在其余三个数据集上，T-80% 的表现略逊于 SEntiMoji-T，平均下降 0.01。但是，当使用 20% 的标签数据进行训练时（即 T-20%），表现明显下降。一方面，在几乎所有指标上，T-20% 的表现都比 SEntiMoji-T 差；另一方面，就 Macro-F1 而言，T-20% 相较于 SEntiMoji-T 平均下降了 0.056。

表 5-11 SEntiMoji-T 与 T-80%/60%/40%/20% 在软件工程领域情感分析任务上的比较

数据集	类别	指标	SEntiMoji-T	T-80%	T-60%	T-40%	T-20%
JIRA	Pos	precision	0.939	0.952	0.948	0.940	0.950
		recall	0.933	0.931	0.935	0.937	0.921
		F1-score	0.936	0.941	0.941	0.938	0.935
	Neu	precision	0.808	0.795	0.798	0.779	0.775
		recall	0.866	0.887	0.883	0.861	0.861
		F1-score	0.845	0.838	0.838	0.817	0.815
	Neg	precision	0.913	0.905	0.905	0.901	0.879
		recall	0.839	0.835	0.835	0.813	0.825
		F1-score	0.874	0.868	0.868	0.854	0.851
	accuracy		0.893	0.891	0.891	0.880	0.876
	Macro-precision		0.887	0.884	0.884	0.874	0.868
	Macro-recall		0.886	0.884	0.884	0.870	0.869
	Macro-F1		0.885	0.883	0.883	0.870	0.867
Stack Overflow	Pos	precision	0.921	0.926	0.922	0.923	0.918
		recall	0.937	0.929	0.930	0.922	0.912
		F1-score	0.929	0.928	0.926	0.926	0.915
	Neu	precision	0.841	0.830	0.813	0.836	0.828
		recall	0.840	0.826	0.837	0.828	0.827
		F1-score	0.841	0.819	0.830	0.834	0.820
	Neg	precision	0.854	0.840	0.837	0.834	0.825
		recall	0.838	0.827	0.827	0.810	0.811
		F1-score	0.845	0.833	0.828	0.828	0.817

（续）

数据集	类别	指标	SEntiMoji-T	T-80%	T-60%	T-40%	T-20%
Stack Overflow		accuracy	0.873	0.866	0.862	0.858	0.852
		Macro-precision	0.872	0.866	0.862	0.859	0.852
		Macro-recall	0.872	0.865	0.860	0.856	0.850
		Macro-F1	0.872	0.866	0.861	0.857	0.851
	Non-Neg	precision	0.850	0.857	0.857	0.839	0.818
		recall	0.958	0.950	0.948	0.957	0.948
		F1-score	0.900	0.900	0.899	0.894	0.877
	Neg	precision	0.793	0.778	0.774	0.778	0.717
		recall	0.491	0.521	0.527	0.447	0.364
		F1-score	0.603	0.614	0.618	0.561	0.469
Code Review		accuracy	0.841	0.841	0.841	0.829	0.801
		Macro-precision	0.821	0.815	0.816	0.809	0.767
		Macro-recall	0.724	0.741	0.737	0.702	0.656
		Macro-F1	0.752	0.763	0.759	0.727	0.673
	Pos	precision	0.878	0.825	0.803	0.828	0.728
		recall	0.281	0.214	0.222	0.192	0.142
		F1-score	0.426	0.337	0.343	0.309	0.235
	Neu	precision	0.869	0.863	0.862	0.850	0.836
		recall	0.971	0.967	0.972	0.972	0.979
		F1-score	0.917	0.912	0.914	0.907	0.902

Java Library	Neg	precision	0.734	0.737	0.735	0.706	0.769
		recall	0.513	0.518	0.490	0.412	0.335
		F1-score	0.599	0.598	0.586	0.513	0.448
	accuracy		0.859	0.849	0.849	0.838	0.829
	Macro-precision		0.827	0.800	0.800	0.795	0.778
	Macro-recall		0.589	0.576	0.562	0.525	0.486
	Macro-F1		0.647	0.626	0.614	0.576	0.528
Unified-S	Pos	precision	0.914	0.922	0.907	0.892	0.877
		recall	0.897	0.895	0.889	0.862	0.852
		F1-score	0.906	0.908	0.898	0.877	0.864
	Neu	precision	0.829	0.823	0.813	0.786	0.775
		recall	0.865	0.875	0.858	0.831	0.816
		F1-score	0.846	0.848	0.835	0.808	0.795
	Neg	precision	0.843	0.848	0.835	0.810	0.805
		recall	0.801	0.788	0.780	0.767	0.761
		F1-score	0.820	0.816	0.806	0.787	0.781
	accuracy		0.859	0.860	0.848	0.825	0.814
	Macro-precision		0.862	0.864	0.852	0.829	0.819
	Macro-recall		0.854	0.853	0.842	0.820	0.810
	Macro-F1		0.857	0.857	0.846	0.824	0.813

注：对于每个指标，最高值被突出显示。

表 5-12 SEntiMoji-T 与 T-80%/60%/40%/20% 在软件工程领域情绪分析任务上的比较

数据集	类别	指标	SEntiMoji-T	T-80%	T-60%	T-40%	T-20%
JIRA-E1	love	precision	0.743	0.679	0.646	0.627	0.642
		recall	0.692	0.638	0.614	0.567	0.455
		F1-score	0.713	0.652	0.626	0.593	0.526
		accuracy	0.915	0.915	0.908	0.903	0.896
		Macro-precision	0.843	0.816	0.806	0.789	0.784
		Macro-recall	0.824	0.792	0.789	0.760	0.723
		Macro-F1	0.831	0.800	0.796	0.772	0.744
	anger	precision	0.846	0.822	0.798	0.808	0.817
		recall	0.647	0.657	0.637	0.642	0.551
		F1-score	0.733	0.729	0.708	0.711	0.647
		accuracy	0.841	0.838	0.825	0.830	0.801
		Macro-precision	0.843	0.839	0.824	0.828	0.814
		Macro-recall	0.793	0.797	0.784	0.786	0.746
		Macro-F1	0.809	0.811	0.798	0.799	0.761
	sadness	precision	0.937	0.927	0.951	0.902	0.933
		recall	0.722	0.758	0.728	0.728	0.721
		F1-score	0.813	0.833	0.823	0.805	0.813
		accuracy	0.900	0.908	0.906	0.894	0.900
		Macro-precision	0.914	0.910	0.914	0.896	0.909
		Macro-recall	0.849	0.861	0.849	0.848	0.849
		Macro-F1	0.873	0.880	0.872	0.867	0.872

SO-E	love	precision	0.808	0.785	0.779	0.771	0.769
		recall	0.766	0.796	0.789	0.779	0.750
		F1-score	0.786	0.790	0.784	0.774	0.759
		accuracy	0.894	0.893	0.889	0.885	0.880
		Macro-precision	0.865	0.863	0.860	0.855	0.851
		Macro-recall	0.852	0.863	0.860	0.854	0.842
		Macro-F1	0.858	0.863	0.860	0.854	0.846
	joy	precision	0.668	0.666	0.624	0.577	0.567
		recall	0.262	0.288	0.213	0.201	0.123
		F1-score	0.374	0.399	0.314	0.296	0.198
		accuracy	0.911	0.913	0.908	0.906	0.901
		Macro-precision	0.795	0.806	0.788	0.766	0.760
		Macro-recall	0.624	0.638	0.606	0.595	0.566
		Macro-F1	0.663	0.681	0.642	0.627	0.588
	anger	precision	0.801	0.815	0.801	0.802	0.808
		recall	0.650	0.661	0.661	0.637	0.593
		F1-score	0.717	0.729	0.724	0.708	0.682
		accuracy	0.906	0.910	0.908	0.904	0.899
		Macro-precision	0.863	0.870	0.865	0.863	0.862
		Macro-recall	0.807	0.818	0.816	0.804	0.787
		Macro-F1	0.830	0.840	0.838	0.828	0.816

（续）

数据集	类别	指标	SEntiMoji-T	T-80%	T-60%	T-40%	T-20%
SO-E	sadness	precision	0.812	0.784	0.837	0.831	0.867
		recall	0.447	0.442	0.405	0.411	0.333
		F1-score	0.575	0.564	0.542	0.548	0.473
		accuracy	0.969	0.967	0.967	0.968	0.965
		Macro-precision	0.893	0.872	0.893	0.900	0.910
		Macro-recall	0.721	0.718	0.700	0.705	0.665
		Macro-F1	0.779	0.772	0.760	0.767	0.727
JIRA-E2	excitement	precision	0.909	0.909	0.909	0.900	0.859
		recall	0.949	0.943	0.940	0.943	0.951
		F1-score	0.928	0.925	0.924	0.921	0.902
	relaxation	precision	0.872	0.859	0.847	0.844	0.879
		recall	0.804	0.803	0.821	0.771	0.690
		F1-score	0.835	0.829	0.831	0.804	0.772
	stress	precision	0.840	0.848	0.771	0.810	0.719
		recall	0.758	0.736	0.696	0.664	0.652
		F1-score	0.796	0.787	0.728	0.726	0.679
	depression	precision	0.866	0.856	0.831	0.813	0.794
		recall	0.848	0.842	0.795	0.822	0.702
		F1-score	0.856	0.848	0.812	0.817	0.744

Model	Category	Metric					
Unified-E	neutral	precision	0.914	0.912	0.913	0.901	0.867
		recall	0.958	0.966	0.950	0.956	0.947
		F1-score	0.935	0.938	0.931	0.928	0.905
		accuracy	0.891	0.888	0.871	0.869	0.836
		Macro-precision	0.880	0.877	0.854	0.854	0.824
		Macro-recall	0.863	0.858	0.840	0.831	0.789
		Macro-F1	0.870	0.865	0.845	0.839	0.800
	love	precision	0.806	0.790	0.805	0.795	0.781
		recall	0.791	0.768	0.774	0.765	0.715
		F1-score	0.797	0.778	0.788	0.779	0.745
		accuracy	0.904	0.896	0.901	0.897	0.883
		Macro-precision	0.870	0.859	0.868	0.861	0.847
		Macro-recall	0.865	0.852	0.857	0.851	0.826
		Macro-F1	0.867	0.855	0.862	0.856	0.835
	joy	precision	0.670	0.674	0.646	0.629	0.558
		recall	0.319	0.299	0.276	0.294	0.237
		F1-score	0.432	0.414	0.386	0.401	0.323
		accuracy	0.911	0.911	0.907	0.908	0.898
		Macro-precision	0.797	0.798	0.783	0.775	0.737
		Macro-recall	0.650	0.641	0.629	0.637	0.607
		Macro-F1	0.692	0.683	0.668	0.675	0.634

(续)

数据集	类别	指标	SEntiMoji-T	T-80%	T-60%	T-40%	T-20%
Unified-E	anger	precision	0.806	0.796	0.789	0.778	0.751
		recall	0.666	0.699	0.666	0.667	0.643
		F1-score	0.728	0.743	0.722	0.715	0.691
		accuracy	0.896	0.899	0.892	0.889	0.880
		Macro-precision	0.860	0.859	0.852	0.846	0.830
		Macro-recall	0.811	0.826	0.809	0.808	0.793
		Macro-F1	0.832	0.840	0.827	0.823	0.808
	sadness	precision	0.864	0.891	0.886	0.893	0.883
		recall	0.618	0.614	0.588	0.566	0.533
		F1-score	0.718	0.723	0.705	0.690	0.663
		accuracy	0.956	0.957	0.955	0.954	0.951
		Macro-precision	0.913	0.926	0.923	0.925	0.919
		Macro-recall	0.804	0.803	0.790	0.779	0.763
		Macro-F1	0.847	0.850	0.840	0.833	0.818

注：对于每个指标，最高值被突出显示。

表5-13 SEntiMoji-T 与 T-80%/60%/40%/20% 的 McNemar 检验结果（括号中为校正后的 p 值）

数据集	T-80%	T-60%	T-40%	T-20%
JIRA	0.114(1.000)	0.078(1.000)	7.585(0.093)	9.551(0.034)
Stack Overflow	4.571(0.399)	10.527(0.019)	16.962(0.000)	32.761(0.000)

Code Review	0.000(1.000)	0.010(1.000)	2.676(1.000)	29.184(0.000)
Java Library	2.086(1.000)	1.639(1.000)	9.592(0.034)	17.204(0.000)
Unified-S	0.056(1.000)	29.698(0.000)	270.951(0.000)	377.065(0.000)
JIRA-E1(love)	1.441(1.000)	2.065(1.000)	7.220(0.104)	12.444(0.000)
JIRA-E1(anger)	0.000(1.000)	0.468(1.000)	0.721(1.000)	11.223(0.019)
JIRA-E1(sadness)	0.028(1.000)	0.000(1.000)	0.356(1.000)	0.075(1.000)
SO-E(love)	1.225(1.000)	0.473(1.000)	0.293(1.000)	2.070(1.000)
SO-E(joy)	1.363(1.000)	1.152(1.000)	2.064(1.000)	8.347(0.065)
SO-E(anger)	1.900(1.000)	0.255(1.000)	0.318(1.000)	3.971(0.518)
SO-E(sadness)	2.485(1.000)	1.639(1.000)	0.742(1.000)	4.438(0.408)
JIRA-E2	0.155(1.000)	6.781(0.128)	11.236(0.019)	43.584(0.000)
Unified-E(love)	14.135(0.000)	1.092(1.000)	6.695(0.136)	41.564(0.000)
Unified-E(joy)	0.102(1.000)	5.878(0.196)	3.341(0.740)	24.790(0.000)
Unified-E(anger)	1.964(1.000)	1.842(1.000)	5.659(0.214)	23.615(0.000)
Unified-E(sadness)	1.167(1.000)	0.161(1.000)	1.779(1.000)	10.112(0.019)

注：在5%的显著性水平下显著的结果被突出显示。

为了直观地理解减少标签数据的数量所带来的表现差异，下面基于表 5-13 中的检验结果展开进一步分析。在情感分析的每个基准数据集上，SEntiMoji-T 和 T-80% 之间的表现差异在统计学意义上均不显著，这与上文观察到的这两种方法表现相当的结论一致。在 JIRA 数据集和 Code Review 数据集上，直到剩下仅 20% 的标签数据，效果才会显著变差。但是，在 Stack Overflow 数据集和 Unified-S 数据集上，即使保留了 60% 的标签数据，效果也会显著变差，并且随着标签数据的减少，变体与 SEntiMoji-T 的表现差距越来越大。

情绪分析结果：表 5-12 列出了 SEntiMoji-T 及其变体在情绪分析任务上的表现。可以观察到，T-80% 可以取得与 SEntiMoji-T 相当的表现，这与上文在情感分析任务中的发现是一致的。就 Macro-F1 而言，SEntiMoji-T 在五个任务中的表现优于 T-80%，而 T-80% 在七个任务中的表现优于 SEntiMoji-T。在许多任务中，即使仅使用 20% 的标签数据，T-20% 的表现也可以与 SEntiMoji-T 相当。例如，在 JIRA-E1 数据集的 Sadness 检测任务中，SEntiMoji-T 和 T-20% 取得的 Macro-F1 为 0.873 和 0.872，仅有 0.001 的微小差距。但是，在某些任务上，使用少量的标签数据可能会导致表现显著下降。例如，在 JIRA-E1 数据集的 Anger 检测任务上，T-20% 所取得的 Macro-F1 比 SEntiMoji-T 低 0.048。

最后，基于表 5-13，分析 SEntiMoji-T 与其变体的 McNemar 检验结果。在 12 个情绪分析任务的 11 个当中，去除了 60% 的标签数据（即 T-40%）仍然可以取得与 SEntiMoji-T 相当的表现。此外，在 5 个任务中，即使去除 80% 的标签数据（即 T-20%），表现也仍然相当。

基于以上对情感分析和情绪分析的结果，可以发现，一定数量的标签数据对于某些任务（例如 Stack Overflow 数据集和 Unified-S 数据集上的情感分析任务）至关重要。但是，在大多数任务上，大量的推文数据和较少的标签数据的结合就能够获得令人满意的结果，这表明了推文数据包含的通用情感知识的重要性。

5.6 小结

本章介绍了针对基于交互文本的动态用户情境解析的领域现状所提出的关键技术，即基于迁移学习的领域特定动态用户情境解析技术 SEntiMoji。该技术使用社交媒体领域和目标领域的泛在交互文本使用数据，缓解目标领域动态用户情境人工标签数据不足的问题。具体而言，SEntiMoji 首先通过表征学习从社交媒体领域和目标领域的泛在交互文本使用数据中学习隐式特征。其次，通过迁移学习将这些特征中蕴含的知识迁移到目标领域的动态用户情境解析模型中。最后，以软件工程领域的情感、情绪分析任务作为领域特定动态用户情境解析的典型实例，验证了 SEntiMoji 的效果。实验结果表明，SEntiMoji 在 20 个基准任务上，解析效果均显著优于 15 个基线方法，平均准确率达到 0.908，错误率降低约 21%。

第 6 章

结 束 语

6.1 本书内容总结

本书关注基于交互文本的用户情境解析,具体而言,包括基于交互文本的静态用户情境解析和动态用户情境解析。通过对相关研究工作的系统总结,归纳出现有技术存在一定的问题:现有基于交互文本的静态用户情境解析技术对大量用户交互文本进行存储和处理,增加了访问和泄露用户隐私的风险;现有基于交互文本的动态用户情境解析技术主要针对特定语言(即英语)和特定领域(即社交媒体领域),造成了在其他语言和其他领域的人工标签数据稀缺,继而解析效果不佳。针对上述问题,本书提出了基于泛在交互文本的用户情境解析方法框架及其关键技术,并实现了一组 API,可供各类客户端调用。

一方面,泛在交互文本被世界各地用户广泛使用,且不同静态用户情境的用户在泛在交互文本的使用上存在异质性。本书使用泛在交互文本在特定情况下代替传统交互文本，用于静态用户情境解析，以便降低隐私风险。具体而言，提出了基于监督学习的静态用户情境解析技术 EmoLens。EmoLens 基于实证分析开展特征工程，从用户的泛在交互文本使用数据中提取对静态用户情境具有区分度的显式特征，使用机器学习算法，采用监督学习的方式训练得到静态用户情境解析模型。

另一方面，泛在交互文本在各语言、各领域的文本交互过程中常被用于表达情感、情绪、语义等信息。本书使用泛在交互文本作为各语言、各领域中的情感等动态用户情境的代理标签，有效缓解了动态用户情境解析中非英语和非社交媒体领域人工标签数据不足的问题。具体而言，提出了基于迁移学习的跨语言动态用户情境解析技术 ELSA 和基于迁移学习的领域特定动态用户情境解析技术 SEntiMoji。ELSA 和 SEntiMoji 从公共平台爬取大量包含泛在交互文本的数据，通过表征学习的方式从中提取泛在交互文本使用的隐式特征，再通过迁移学习的方式将蕴含在这些特征中的知识迁移到目标语言、目标领域的动态用户情境解析模型中。

本书开展了一系列实验，验证了上述三项技术的效果。具体而言，系统性的对比实验分析表明，本书提出的基于泛在交互文本的用户情境解析方法，在静态用户情境解析任务上，降低用户隐私风险的同时，可以取得和基于传统交互文本的技术相当的表现；在动态用户情境解析任务上，可以克服特定语言、特定领域人工标签数据不足的问题，取得显著超过现有技术的解析效果。

6.2 未来工作展望

在本书基础上，下一步的研究构想主要集中在以下 4 个方面：

1）实证分析泛在交互文本的更多特性。本书提出的基于泛在交互文本的用户情境解析方法框架的洞见来自于泛在交互文本的泛在性、使用异质性、多功能性等特性。未来考虑通过对公开社交媒体数据进行分析或者与输入法等产业界应用开展进一步合作，实证挖掘泛在交互文本的更多特性，并基于这些特性有针对性地优化基于泛在交互文本的用户情境解析方法。此外，可以考虑对于新生代泛在交互文本（例如贴纸、表情包等）的特性分析和利用。

2）结合前沿深度学习技术，提升基于泛在交互文本的静态用户情境解析的效果。本书为了提取对静态用户情境具有区分度的特征，采用了基于实证分析的特征工程，然后使用传统机器学习算法开展训练。在下一步研究中，为了进一步提升解析效果，可以考虑结合前沿深度学习技术，开展特征工程。

3）定性分析基于泛在交互文本的动态用户情境解析的错误样例，有针对性地提升其解析效果。未来考虑收集基于泛在交互文本的动态用户情境解析方法在跨语言、领域特定解析任务中错误分类的样本,采用定性分析的方法,提炼和归纳错误的原因,并基于这些原因探索有针对性的机器学习技术,从而提升解析效果。

4)在真实环境和应用中部署基于泛在交互文本的用户情境解析的关键技术,开展用户实验。本书虽然使用了大规模的真实用户数据,但是大部分实验还是通过线下验证的形式开展。因此,可以考虑将所提供的技术集成到一些具体的应用(例如输入法应用等)中,然后招募志愿者使用这些应用,进一步验证本书所提供的技术的效果。

参考文献

[1] 王千祥,申峻嵘,梅宏.自适应软件初探[J].计算机科学,2004,31(10):168-171.

[2] 吕建,马晓星,陶先平,等.面向网构软件的环境驱动模型与支撑技术研究[J].中国科学:信息科学,2008,38(6):864-900.

[3] 吕建,马晓星,陶先平,等.面向网构软件的环境显式化技术[J].中国科学:信息科学,2013,43(1):1-23.

[4] 吕建,王千祥,马晓星,等.自适应软件系统:开发方法和运行支撑专题前言[J].软件学报,2015,26(4):711-712.

[5] 吕建,马晓星,陶先平,等.网构软件的研究与进展[J].中国科学:信息科学,2006,36(10):1037-1080.

[6] SHIRKY C. Situated software [J]. Networks, Economics, and Culture, 2004:30.

[7] BALASUBRAMANIAM S, LEWIS G A, SIMANTA S, et al. Situated software: concepts, motivation, technology, and the future [J]. IEEE computer, 2008, 25(6):50-55.

[8] CHANG C K. Situation analytics: a foundation for a new software engineering paradigm [J]. IEEE computer, 2016, 49(1):24-33.

[9] CHANG C K. Situation analytics: at the dawn of a new software

engineering paradigm [J]. SCIENCE CHINA information sciences, 2018, 61(5): 050101: 1-050101: 14.

[10] HOTHI J, HALL W. An evaluation of adapted hypermedia techniques using static user modelling [C]. Proceedings of the Second Workshop on Adaptive Hypertext and Hypermedia, 1998: 45-50.

[11] GUO H, SINGH M P. CASPAR: extracting and synthesizing user stories of problems from app reviews [C]. Proceedings of the 42nd International Conference on Software Engineering, ICSE, 2020: 628-640.

[12] ABUSAIR M. User-and analysis-driven context aware software development in mobile computing [C]. Proceedings of the 11th Joint Meeting on Foundations of Software Engineering, FSE, 2017: 1022-1025.

[13] KARIMI F, WAGNER C, LEMMERICH F, et al. Inferring gender from names on the Web: a comparative evaluation of gender detection methods [C]. Proceedings of the 2016 World Wide Web Conference, WWW, 2016: 53-54.

[14] LI Q, ZHANG Q, SI L. TweetSenti: target-dependent Tweet sentiment analysis [C]. Proceedings of the 2019 World Wide Web Conference, WWW, 2019: 3569-3573.

[15] BALIKAS G, MOURA S, AMINI M R. Multitask learning for fine-grained Twitter sentiment analysis [C]. Proceedings of the 40th International ACM SIGIR Conference on Research and Development in Information Retrieval, SIGIR, 2017: 1005-1008.

[16] AGRAWAL A, AN A, PAPAGELIS M. Leveraging transitions of emotions for sarcasm detection [C]. Proceedings of the 43rd International ACM SIGIR Conference on Research and Development in Information Retrieval, SIGIR, 2020: 1505-1508.

[17] LYNN V E, BALASUBRAMANIAN N, SCHWARTZ H A. Hierarchical modeling for user personality prediction: the role of mes-

sage-level attention [C]. Proceedings of the 58th Annual Meeting of the Association for Computational Linguistics, ACL, 2020: 5306-5316.

[18] PAN J, BHARDWAJ R, LU W, et al. Twitter homophily: network based prediction of user's occupation [C]. Proceedings of the 57th Conference of the Association for Computational Linguistics, ACL, 2019: 2633-2638.

[19] HERDEM K C. Reactions: Twitter based mobile application for awareness of friends' emotions [C]. Proceedings of 2020 ACM Conference on Ubiquitous Computing, UbiComp, 2012: 796-797.

[20] SAHA K, CHAN L, DE BARBARO K, et al. Inferring mood instability on social media by leveraging ecological momentary assessments [C]. Proceedings of the ACM on Interactive, Mobile, Wearable and Ubiquitous Technologies, IMWUT, 2017, 1 (3), 95:1-95:27.

[21] ANDALIBI N, BUSS J. The human in emotion recognition on social media: attitudes, outcomes, risks [C]. Proceedings of 2020 CHI Conference on Human Factors in Computing Systems, CHI, 2020: 1-16.

[22] DE CHOUDHURY M, SHARMA S S, LOGAR T, et al. Gender and cross-cultural differences in social media disclosures of mental illness [C]. Proceedings of the 2017 ACM Conference on Computer Supported Cooperative Work and Social Computing, CSCW, 2017: 353-369.

[23] FLEKOVA L, CARPENTER J, GIORGI S, et al. Analyzing biases in human perception of user age and gender from text [C]. Proceedings of the 54th Annual Meeting of the Association for Computational Linguistics, ACL, 2016: 843-854.

[24] JOHANNSEN A, HOVY D, SÖGAARD A. Cross-lingual syntactic variation over age and gender [C]. Proceedings of the 19th

Conference on Computational Natural Language Learning, CoNLL, 2015: 103-112.

[25] SAP M, PARK G J, EICHSTAEDT J C, et al. Developing age and gender predictive lexica over social media [C]. Proceedings of the 2014 Conference on Empirical Methods in Natural Language Processing, EMNLP, 2014: 1146-1151.

[26] WORCHEL S. Psychology of intergroup relations [M]. Chicago: Nelson-Hall, 1986.

[27] MONEY J. Hermaphroditism, gender and precocity in hyperadrenocorticism: psychologic findings [J]. Bulletin of the Johns Hopkins hospital, 1955, 96(6): 253.

[28] WILLIAMS R. Facebook's 71 gender options come to UK users [EB/OL]. [2021-02-19]. https://www.telegraph.co.uk/technology/facebook/10930654/Facebooks-71-gender-options-come-to-UK-users.html.

[29] BURGER J D, HENDERSON J C, KIM G, et al. Discriminating gender on Twitter [C]. Proceedings of the 2011 Conference on Empirical Methods in Natural Language Processing, EMNLP, 2011: 1301-1309.

[30] NADAL K L. The SAGE encyclopedia of psychology and gender [J]. Sage publications, 2017.

[31] PEROZZI B, SKIENA S. Exact age prediction in social networks [C]. Proceedings of the 24th International Conference on World Wide Web Companion, WWW, 2015: 91-92.

[32] MALMI E, WEBER I. You are what apps you use: demographic prediction based on user's apps [C]. Proceedings of the Tenth International Conference on Web and Social Media, ICWSM, 2016: 635-638.

[33] ZHANG J, HU X, ZHANG Y, et al. Your age is no secret: inferring microbloggers' ages via content and interaction analysis [C]. Proceedings of the Tenth International Conference on Web

and Social Media, ICWSM, 2016: 476-485.

[34] LEVINSON D J. A conception of adult development [J]. American psychologist, 1986: 3-13.

[35] SCHLER J, KOPPEL M, ARGAMON S, et al. Effects of age and gender on blogging [C]. Proceedings of AAAI Spring Symposium: Computational Approaches to Analyzing Weblogs, 2006: 199-205.

[36] VOLKOVA S, WILSON T, YAROWSKY D. Exploring demographic language variations to improve multilingual sentiment analysis in social media [C]. Proceedings of the 2013 Conference on Empirical Methods in Natural Language Processing, EMNLP, 2013: 1815-1827.

[37] FILIPPOVA K. User demographics and language in an implicit social network [C]. Proceedings of the 2012 Joint Conference on Empirical Methods in Natural Language Processing and Computational Natural Language Learning, EMNLP-CoNLL, 2012: 1478-1488.

[38] CIOT M, SONDEREGGER M, RUTHS D. Gender inference of Twitter users in non-English contexts [C]. Proceedings of the 2013 Conference on Empirical Methods in Natural Language Processing, EMNLP, 2013: 1136-1145.

[39] ZAMAL F A, LIU W, RUTHS D. Homophily and latent attribute inference: inferring latent attributes of Twitter users from neighbors [C]. Proceedings of the Sixth International Conference on Weblogs and Social Media, ICWSM, 2012.

[40] Sexmachine [EB/OL]. [2021-02-19]. https://pypi.python.org/pypi/SexMachine/.

[41] Genderize [EB/OL]. [2021-02-19]. https://genderize.io/.

[42] ZHOU E, CAO Z, YIN Q. Naive-deep face recognition: touching the limit of LFW benchmark or not? [J]. Arxiv, CoRR abs/1501.04690, 2015.

[43]　LIN B, SEREBRENIK A. Recognizing gender of Stack Overflow users [C]. Proceedings of the 13th International Conference on Mining Software Repositories, MSR, 2016: 425-429.

[44]　genderComputer [EB/OL]. [2021-02-19]. https://github.com/tue-mdse/genderComputer.

[45]　Gender Guesser [EB/OL]. [2021-02-19]. https://market.mashape.com/montanaflynn/gender-guesser.

[46]　LITTLESTONE N. Learning quickly when irrelevant attributes abound: a new linear-threshold algorithm [J]. Machine learning, 1988, 2(4): 285-318.

[47]　AIZAWA A. An information-theoretic perspective of TF-IDF measures [J]. Information processing & management, 2003, 39(1): 45-65.

[48]　ARGAMON S, KOPPEL M, FINE J, et al. Gender, genre, and writing style in formal written texts [J]. Text & talk, 2003, 23(3): 321-346.

[49]　PREOTIUC-PIETRO D, XU W, UNGAR L H. Discovering user attribute stylistic differences via paraphrasing [C]. Proceedings of the Thirtieth AAAI Conference on Artificial Intelligence, AAAI, 2016: 3030-3037.

[50]　VOLKOVN S, BACHRACH Y. Inferring perceived demographics from user emotional tone and user-environment emotional contrast [C]. Proceedings of the 54th Annual Meeting of the Association for Computational Linguistics, ACL, 2016: 1567-1578.

[51]　FLEKOVA L, PREOTIUC-PIETRO D, UNGAR L H. Exploring stylistic variation with age and income on Twitter [C]. Proceedings of the 54th Annual Meeting of the Association for Computational Linguistics, ACL, 2016: 313-319.

[52]　SENTER R J, SMITH E A. Automated readability index [R]. Aerospace Medical Research Laboratories, 1967.

[53]　COLEMAN M, LIAU T L. A computer readability formula de-

signed for machine scoring [J]. Journal of applied psychology, 1975, 60(2).

[54] GUNNING R. The fog index after twenty years [J]. Journal of business communication, 1969, 6(2).

[55] HEYLIGHEN F, DEWAELE J M. Variation in the contextuality of language: an empirical measure [J]. Foundations of science, 2002, 7(3).

[56] ZHAO Q, WILLEMSEN M C, ADOMAVICIUS G, et al. From preference into decision making: modeling user interactions in recommender systems [C]. Proceedings of the 13th ACM Conference on Recommender Systems, RecSys, 2019: 29-33.

[57] LAVEE G, KOENIGSTEIN N, BARKAN O. When actions speak louder than clicks: a combined model of purchase probability and long-term customer satisfaction [C]. Proceedings of the 13th ACM Conference on Recommender Systems, RecSys, 2019: 287-295.

[58] HAN J, MA Y, MEI Q, et al. DeepRec: on-device deep learning for privacy-preserving sequential recommendation in mobile commerce [C]. Proceedings of the 2021 World Wide Web Conference, WWW, 2021: 900-911.

[59] QIU G, HE X, ZHANG F, et al. DASA: dissatisfaction-oriented advertising based on sentiment analysis [J]. Expert systems with applications, 2010, 37(9): 6182-6191.

[60] HARAKAWA R, TAKEHARA D, OGAWA T, et al. Sentiment-aware personalized Tweet recommendation through multimodal FFM [J]. Multimedia tools and applications, 2018, 77(14): 18741-18759.

[61] MCGLOHON M, GLANCE N S, REITER Z. Star quality: aggregating reviews to rank products and merchants [C]. Proceedings of the Fourth International Conference on Weblogs and Social Media, ICWSM, 2010.

[62] MUNEZERO M, MONTERO C S, SUTINEN E, et al. Are they different? Affect, feeling, emotion, sentiment, and opinion detection in text [J]. IEEE transactions on affective computing, 2014, 5(2): 101-111.

[63] LIU B. Sentiment analysis and opinion mining [M]. Vermont: Morgan & Claypool Publishers, 2012.

[64] SHAVER P, SCHWARTZ J, KIRSON D, et al. Emotion knowledge: further exploration of a prototype approach [J]. Journal of personality and social psychology, 1987, 52(6): 1061.

[65] RUSSELL J A, MEHRABIAN A. Evidence for a three-factor theory of emotions [J]. Journal of research in personality, 1977, 11(3): 273-294.

[66] MURGIA A, TOURANI P, ADAMS B, et al. Do developers feel emotions? An exploratory analysis of emotions in software artifacts [C]. Proceedings of the 11th Working Conference on Mining Software Repositories, MSR, 2014: 262-271.

[67] NOVIELLI N, CALEFATO F, LANUBILE F. A gold standard for emotion annotation in Stack Overflow [C]. Proceedings of the 15th International Conference on Mining Software Repositories, MSR, 2018: 14-17.

[68] ORTU M, ADAMS B, DESTEFANIS G, et al. Are bullies more productive? Empirical study of affectiveness vs. issue fixing time [C]. Proceedings of the 12th IEEE/ACM Working Conference on Mining Software Repositories, MSR, 2015: 303-313.

[69] ORTU M, MURGIA A, DESTEFANIS G, et al. The emotional side of software developers in JIRA [C]. Proceedings of the 13th International Conference on Mining Software Repositories, MSR, 2016: 480-483.

[70] BARRETT L F. Discrete emotions or dimensions? The role of valence focus and arousal focus [J]. Cognition & emotion, 1998, 12(4): 579-599.

[71] SAIF H, FERNÁNDEZ M, HE Y, et al. Evaluation datasets for Twitter sentiment analysis: a survey and a new dataset, the STS-Gold [C]. Proceedings of the First International Workshop on Emotion and Sentiment in Social and Expressive Media: Approaches and Perspectives from AI, ESSEM, 2013: 9-21.

[72] LIN B, ZAMPETTI F, BAVOTA G, et al. Sentiment analysis for software engineering: how far can we go? [C]. Proceedings of the 40th International Conference on Software Engineering, ICSE, 2018: 94-104.

[73] CALEFATO F, LANUBILE F, MAIORANO F, et al. Sentiment polarity detection for software development [J]. Empirical software engineering, 2018, 23(3): 1352-1382.

[74] NAKOV P, ROSENTHAL S, KOZAREVA Z, et al. SemEval-2013 task 2: sentiment analysis in Twitter [C]. Proceedings of the 7th International Workshop on Semantic Evaluation, SemEval@ NAACL-HLT, 2013: 312-320.

[75] LIU K L, LI W J, GUO M. Emoticon smoothed language models for Twitter sentiment analysis [C]. Proceedings of the Twenty-Sixth AAAI Conference on Artificial Intelligence, AAAI, 2012: 22-26.

[76] SentiStrength [EB/OL]. [2021-02-19]. http:// sentistrength. wlv. ac. uk/.

[77] NLTK [EB/OL]. [2021-02-19]. http://www. nltk. org/api/ nltk. sentiment. html.

[78] LIWC [EB/OL]. [2021-02-19]. http://liwc. wpengine. com.

[79] ANEW [EB/OL]. [2021-02-19]. http://csea. phhp. ufl. edu/ media/anewmessage. html.

[80] GI [EB/OL]. [2021-02-19]. http://www. wjh. harvard. edu/~ inquirer.

[81] THELWALL M. TensiStrength: stress and relaxation magnitude detection for social media texts [J]. Information processing and

management, 2017, 53(1): 106-121.

[82] ISLAM M R, ZIBRAN M F. Leveraging automated sentiment analysis in software engineering [C]. Proceedings of the 14th International Conference on Mining Software Repositories, MSR, 2017: 203-214.

[83] ESULI A, SEBASTIANI F. SENTIWORDNET: a publicly available lexical resource for opinion mining [C]. Proceedings of the Fifth International Conference on Language Resources and Evaluation, LREC, 2006: 417-422.

[84] WILSON T, WIEBE J, HOFFMANN P. Recognizing contextual polarity in phrase-level sentiment analysis [C]. Proceedings of Human Language Technology Conference and Conference on Empirical Methods in Natural Language Processing, HLT/EMNLP, 2005: 347-354.

[85] MIKE T, KEVAN B, GEORGIOS P, et al. Sentiment in short strength detection informal text [J]. JASIST, 2010, 61(12): 2544-2558.

[86] KIRITCHENKO S, ZHU X, MOHAMMAD S F. Sentiment analysis of short informal texts [J]. Journal of artificial intelligence research, 2014, 50: 723-762.

[87] FAROOQ U, MANSOOR H, NONGAILLARD A, et al. Negation handling in sentiment analysis at sentence level [J]. Journal of computers, 2017, 12(5): 470-478.

[88] HU Q, PEI Y, CHEN Q, et al. SG++: word representation with sentiment and negation for Twitter sentiment classification [C]. Proceedings of the 39th International ACM SIGIR Conference on Research and Development in Information Retrieval, SIGIR, 2016: 997-1000.

[89] HU Q, ZHOU J, CHEN Q, et al. SNNN: promoting word sentiment and negation in neural sentiment classification [C]. Proceedings of the Thirty-Second AAAI Conference on Artificial In-

telligence, AAAI, 2018: 3255-3262.
[90] JIA L, YU C T, MENG W. The effect of negation on sentiment analysis and retrieval effectiveness [C]. Proceedings of the 18th ACM Conference on Information and Knowledge Management, CIKM, 2009: 1827-1830.
[91] PAK A, PAROUBEK P. Twitter as a corpus for sentiment analysis and opinion mining [C]. Proceedings of the International Conference on Language Resources and Evaluation, LREC, 2010: 1320-1326.
[92] KOULOUMPIS E, WILSON T, MOORE J D. Twitter sentiment analysis: the good the bad and the OMG! [C]. Proceedings of the Fifth International Conference on Weblogs and Social Media, ICWSM, 2011.
[93] BARBOSA L, FENG J. Robust sentiment detection on Twitter from biased and noisy data [C]. Proceedings of the 23rd International Conference on Computational Linguistics, COLING, 2010: 36-44.
[94] NAKAGAWA T, INUI K, KUROHASHI S. Dependency tree-based sentiment classification using CRFs with hidden variables [C]. Proceedings of Human Language Technologies: Conference of the North American Chapter of the Association of Computational Linguistics 2010, HLT-NAACL, 2010: 786-794.
[95] JIANG F, LIU Y, LUAN H B, SUN J, et al. Microblog sentiment analysis with emoticon space model [J]. International journal of pervasive computing and communications, 2015, 30 (5): 1120-1129.
[96] DAVIDOV D, TSUR O, RAPPOPORT A. Enhanced sentiment learning using Twitter hashtags and smileys [C]. Proceedings of the 23rd International Conference on Computational Linguistics, COLING, 2010: 241-249.
[97] SHIN B, LEE T, CHOI J D. Lexicon integrated CNN models

with attention for sentiment analysis [C]. Proceedings of the 8th Workshop on Computational Approaches to Subjectivity, Sentiment and Social Media Analysis, WASSA @ EMNLP, 2017: 149-158.

[98] FENG S, WANG Y, LIU L, et al. Attention based hierarchical LSTM network for context-aware microblog sentiment classification [J]. World wide web, 2019, 22(1): 59-81.

[99] FELBO B, MISLOVE A, SÖGAARD A, et al. Using millions of emoji occurrences to learn any-domain representations for detecting sentiment, emotion and sarcasm [C]. Proceedings of the 2017 Conference on Empirical Methods in Natural Language Processing, EMNLP, 2017: 1615-1625.

[100] Age and gender lexica [EB/OL]. [2018-02-10]. http://www.wwbp.org/lexica.html.

[101] What is the most common last name in the United States? [EB/OL]. [2018-02-10]. https://namecensus.com/data/1000.html.

[102] Popular baby names [EB/OL]. [2018-02-10]. https://nameberry.com/popular_names.

[103] Internet world users by language [EB/OL]. [2021-02-19]. https://www.internetworldstats.com/stats7.htm.

[104] CHEN Q, LI C, LI W. Modeling language discrepancy for cross-lingual sentiment analysis [C]. Proceedings of the 2017 ACM on Conference on Information and Knowledge Management, CIKM, 2017: 117-126.

[105] WAN X. Co-training for cross-lingual sentiment classification [C]. Proceedings of the 47th Annual Meeting of the Association for Computational Linguistics and the 4th International Joint Conference on Natural Language, ACL, 2009: 235-243.

[106] XIAO M, GUO Y. Semi-supervised representation learning for cross-lingual text classification [C]. Proceedings of the 2013

[107] Conference on Empirical Methods in Natural Language Processing, EMNLP, 2013: 1465-1475.

[107] ZHOU X, WAN X, XIAO J. Cross-lingual sentiment classification with bilingual document representation learning [C]. Proceedings of the 54th Annual Meeting of the Association for Computational Linguistics, ACL, 2016: 1403-1412.

[108] MOHAMMAD S M, SALAMEH M, KIRITCHENKO S. How translation alters sentiment [J]. Journal of artificial intelligence research, 2016, 55: 95-130.

[109] CONSOLI S, BARBAGLIA L, MANZAN S. Fine-grained, aspect-based semantic sentiment analysis within the economic and financial domains [C]. Proceedings of the 2nd IEEE International Conference on Cognitive Machine Intelligence, CogMI, 2020: 52-61.

[110] CAO J, ZENG K, WANG H, et al. Web-based traffic sentiment analysis: methods and applications [J]. IEEE transactions on intelligent transportation systems, 2014, 15 (2): 844-853.

[111] GARCÍA D, ZANETTI M S, SCHWEITZER F. The role of emotions in contributors activity: a case study on the GENTOO community [C]. Proceedings of the 2013 International Conference on Cloud and Green Computing, CGC, 2013: 410-417.

[112] JONGELING R, SARKAR P, DATTA S, et al. On negative results when using sentiment analysis tools for software engineering research [J]. Empirical software engineering, 2017, 22 (5): 2543-2584.

[113] NOVIELLI N, GIRARDI D, LANUBILE F. A benchmark study on sentiment analysis for software engineering research [C]. Proceedings of the 15th International Conference on Mining Software Repositories, MSR, 2018: 364-375.

[114] AHMED T, BOSU A, IQBAL A, et al. SentiCR: a customized sentiment analysis tool for code review interactions [C]. Pro-

ceedings of the 32nd IEEE/ACM International Conference on Automated Software Engineering, ASE, 2017: 106-111.

[115] WANG Y, LI Y, GUI X, et al. Culturally-embedded visual literacy: a study of impression management via emoticon, emoji, sticker, and meme on social media in China [C]. Proceedings of the ACM on Human-Computer Interaction, CSCW, 2019, 68: 1-24.

[116] POHL H, DOMIN C, ROHS M. Beyond just text: semantic emoji similarity modeling to support expressive communication [J]. ACM transactions on computer-human interaction, 2017, 24 (1): 1-42.

[117] LU X, AI W, LIU X, et al. Learning from the ubiquitous language: an empirical analysis of emoji usage of smartphone users [C]. Proceedings of the 2016 ACM International Joint Conference on Pervasive and Ubiquitous Computing, UbiComp, 2016: 770-780.

[118] ZHOU R, HENTSCHEL J, KUMAR N. Goodbye text, hello emoji: mobile communication on WeChat in China [C]. Proceedings of the 2017 CHI Conference on Human Factors in Computing Systems, CHI, 2017: 748-759.

[119] TIGWELL G W, GORMAN B M, MENZIES R. Emoji accessibility for visually impaired people [C]. Proceedings of the 2020 CHI Conference on Human Factors in Computing Systems, CHI, 2020: 1-14.

[120] AI W, LU X, LIU X, et al. Untangling emoji popularity through semantic embeddings [C]. Proceedings of the Eleventh International Conference on Web and Social Media, ICWSM, 2017: 2-11.

[121] PARK J, BARASH V, FINK C, et al. Emoticon style: interpreting differences in emoticons across cultures [C]. Proceedings of the Seventh International Conference on Weblogs and So-

cial Media, ICWSM, 2013: 466-475.
[122] SKIBA D J. Face with tears of joy is word of the year: are emoji a sign of things to come in health care? [J]. Nursing education perspectives, 2016, 37 (1): 56-57.
[123] Full emoji list, v13.1 [EB/OL]. [2021-02-19]. http://unicode.org/emoji/charts/full-emoji-list.html.
[124] PAVALANATHAN U, EISENSTEIN J. Emoticons vs. emojis on Twitter: a causal inference approach [J]. Arxiv, CoRR abs/1510.08480, 2015.
[125] International workshop on emoji understanding and applications in social media [EB/OL]. [2021-02-19]. http://ceur-ws.org/Vol-2130/.
[126] CLAES M, MÄNTYLÄ M, FAROOQ U. On the use of emoticons in open source software development [C]. Proceedings of the 12th ACM/IEEE International Symposium on Empirical Software Engineering and Measurement, ESEM, 2018, 50: 1-4.
[127] LU X, CAO Y, CHEN Z, et al. A first look at emoji usage on GitHub: an empirical study [J]. ArXiv, CoRR abs/1812.04863, 2018.
[128] HERRING S C, DAINAS A R. Gender and age influences on interpretation of emoji functions [J]. ACM transactions on social computing, 2020, 3 (2): 1-26.
[129] GUNTUKU S C, LI M, TAY L, et al. Studying cultural differences in emoji usage across the east and the west [C]. Proceedings of the Thirteenth International Conference on Web and Social Media, ICWSM, 2019: 226-235.
[130] PRADA M, RODRIGUES D L, GARRIDO M V, et al. Motives, frequency and attitudes toward emoji and emoticon use [J]. Telematics and informatics, 2018, 35 (7): 1925-1934.
[131] OLESZKIEWICZ A, KARWOWSKI M, PISANSKI K, et al. Who uses emoticons? Data from 86, 702 Facebook users [J].

Personality and individual differences, 2017, 119: 289-295.

[132] LI W, CHEN Y, HU T, et al. Mining the relationship between emoji usage patterns and personality [C]. Proceedings of the Twelfth International Conference on Web and Social Media, ICWSM, 2018: 648-651.

[133] JOHN O P, SRIVASTAVA S. The big five trait taxonomy: history, measurement, and theoretical perspectives [J]. Handbook of personality: theory and research, 1999, 2: 102-138.

[134] CHEN X, SIU K W M. Exploring user behaviour of emoticon use among Chinese youth [J]. Behaviour & information technology, 2017, 36 (6): 637-649.

[135] DERKS D, BOS A E R, GRUMBKOW J V. Emoticons in computer-mediated communication: social motives and social context [J]. Cyber psychology behaviour, 2008, 11 (1): 99-101.

[136] HU T, GUO H, SUN H, et al. Spice up your chat: the intentions and sentiment effects of using emojis [C]. Proceedings of the Eleventh International Conference on Web and Social Media, ICWSM, 2017: 102-111.

[137] CRAMER H, DE JUAN P, TETREAULT J R. Sender-intended functions of emojis in US messaging [C]. Proceedings of the 18th International Conference on Human-Computer Interaction with Mobile Devices and Services, MobileHCI, 2016: 504-509.

[138] FABIAN P, GAËL V, ALEXANDRE G, et al. Scikit-learn: machine learning in Python [J]. Journal of machine learning research, 2011: 2825-2830.

[139] ABADI M, BARHAM P, CHEN J, et al. TensorFlow: a system for large-scale machine learning [C]. Proceedings of the 12th USENIX Symposium on Operating Systems Design and Implementation, OSDI, 2016: 265-283.

[140] BARBIERI F, KRUSZEWSKI G, RONZANO F, et al. How cosmopolitan are emojis? Exploring emojis usage and meaning

[141] BUCK R, BARON R M, GOODMAN N, et al. Unitization of spontaneous nonverbal behavior in the study of emotion communication [J]. Journal of personality and social psychology, 1980, 39 (3): 522-529.

[142] BUCK R, BARON R, BARRETTE D. Temporal organization of spontaneous emotional expression: a segmentation analysis [J]. Journal of personality and social psychology, 1982, 42 (3): 506-517.

[143] AYLMER F R. Statistical methods for research workers [J]. Breakthroughs in Statistics, 1992: 66-70.

[144] Gephi [EB/OL]. [2018-02-10]. https://gephi.org/.

[145] BUCK R, MILLER R E, CAUL W F. Sex, personality, and physiological variables in the communication of affect via facial expression [J]. Journal of personality and social psychology, 1974, 30 (4): 587.

[146] DUNNETT C W. A multiple comparison procedure for comparing several treatments with a control [J]. Journal of the american statistical association, 1955, 50 (272): 1096-1121.

[147] MARIANNE L, MAHZARIN B. Toward a reconsideration of the gender-emotion relationship [J]. Emotion and social behavior, 1992, 14: 178-201.

[148] FABES R A, MARTIN C L. Gender and age stereotypes of emotionality [J]. Personality and social psychology bulletin, 1991, 17 (5): 532-540.

[149] BALSWICK J O, PEEK C W. The inexpressive male: a tragedy of American society [J]. Family coordinator, 1971: 363-368.

[150] WILKINS R, GAREIS E. Emotion expression and the locution "I love you": a cross-cultural study [J]. International journal

(上接第 202 页 over different languages with distributional semantics [C]. Proceedings of the 2016 ACM Conference on Multimedia Conference, MM, 2016: 531-535.)

of intercultural relations, 2006, 30 (1): 51-75.
[151] TAUCH C, KANJO E. The roles of emojis in mobile phone notifications [C]. Proceedings of the 2016 ACM International Joint Conference on Pervasive and Ubiquitous Computing, UbiComp Adjunct, 2016: 1560-1565.
[152] FABIAN P, GAËL V, ALEXANDRE G, et al. Scikit-learn: machine learning in Python [J]. Journal of machine learning research, 2011, 12: 2825-2830.
[153] LI C, LU Y, MEI Q, et al. Click-through prediction for advertising in Twitter timeline [C]. Proceedings of the 21st ACM SIGKDD International Conference on Knowledge Discovery and Data Mining, KDD, 2015: 1959-1968.
[154] Language identification [EB/OL]. [2018-02-10]. https://pypi.python.org/pypi/langid.
[155] List of ISO 639-1 codes [EB/OL]. [2021-02-19]. https://en.wikipedia.org/wiki/List_of_ISO_639-1_codes.
[156] REED P J, SPIRO E S, BUTTS C T. Thumbs up for privacy?: Differences in online self-disclosure behavior across national cultures [J]. Social science research, 2016, 59: 155-170.
[157] TANG J, QU M, WANG M, et al. LINE: large-scale information network embedding [C]. Proceedings of the 24th International Conference on World Wide Web, WWW, 2015: 1067-1077.
[158] HERMANS M, SCHRAUWEN B. Training and analysing deep recurrent neural networks [C]. Proceedings of 2013 Annual Conference on Neural Information Processing Systems, NIPS, 2013: 190-198.
[159] MIKOLOV T, CHEN K, CORRADO G, et al. Efficient estimation of word representations in vector space [J]. Computer science, 2013.
[160] HOCHREITER S, SCHMIDHUBER J. Long short-term memory [J]. Neural computation, 1997, 9 (8): 1735-1780.

[161] HOCHREITER S. The vanishing gradient problem during learning recurrent neural nets and problem solutions [J]. International journal of uncertainty, fuzziness and knowledge-based systems, 1998, 6 (2): 107-116.

[162] PASCANU R, MIKOLOV T, BENGIO Y. On the difficulty of training recurrent neural networks [C]. Proceedings of the 30th International Conference on Machine Learning, ICML, 2013: 1310-1318.

[163] VASWANI A, SHAZEER N, PARMAR N, et al. Attention is all you need [C]. Proceedings of 2017 Annual Conference on Neural Information Processing Systems, NIPS, 2017: 5998-6008.

[164] PRETTENHOFER P, STEIN B. Cross-language text classification using structural correspondence learning [C]. Proceedings of the 48th Annual Meeting of the Association for Computational Linguistics, ACL, 2010: 1118-1127.

[165] Webis-CLS-10 [EB/OL]. [2018-10-22]. https://www.uni-weimar.de/en/media/chairs/computer-science-department/webis/data/corpus-webis-cls-10/.

[166] MeCab [EB/OL]. [2018-10-22]. http://taku910.github.io/mecab/.

[167] CARUANA R, LAWRENCE S, GILES C L. Overfitting in neural nets: backpropagation, conjugate gradient, and early stopping [C]. Proceedings of Advances in Neural Information Processing Systems, NIPS, 2000: 402-408.

[168] KINGMA D P, BA J. Adam: a method for stochastic optimization [J]. Arxiv, CoRR abs/1412.6980, 2014.

[169] DIETTERICH T G. Approximate statistical tests for comparing supervised classification learning algorithms [J]. Neural computation, 1998, 10 (7): 1895-1923.

[170] MPQA opinion corpus [EB/OL]. [2018-10-22]. https://

mpqa. cs. pitt. edu/lexicons/subj_lexicon/.
[171] GIACHANOU A, CRESTANI F. Like it or not: a survey of Twitter sentiment analysis methods [J]. ACM Computing Surveys, 2016, 49 (2): 1-41.
[172] DERIU J, LUCCHI A, DE LUCA V, et al. Leveraging large amounts of weakly supervised data for multi-language sentiment classification [C]. Proceedings of the 26th International Conference on World Wide Web, WWW, 2017: 1045-1052.
[173] Twitter-2015train-A, Twitter-2016train-A, Twitter-2016dev-A, and Twitter-2016devtest-A [EB/OL]. [2018-04-28]. http://alt. qcri. org/semeval2017/task4/index. php? id = download-the-full-training-data-for-semeval-2017-task-4.
[174] Twitter-2015test-A [EB/OL]. [2018-04-28]. http://alt. qcri. org/semeval2017/task4/index. php? id=download-the-full-training-data-for-semeval-2017-task-4.
[175] DEFT 2015: test corpus [EB/OL]. [2018-04-28]. https://deft. limsi. fr/2015/corpus. fr. php? lang=en.
[176] SB-10k: German sentiment corpus [EB/OL]. [2018-04-28]. https://www. spinningbytes. com/resources/germansentiment/.
[177] FARUQUI M, TSVETKOV Y, YOGATAMA D, et al. Sparse overcomplete word vector representations [C]. Proceedings of the 53rd Annual Meeting of the Association for Computational Linguistics and the 7th International Joint Conference on Natural Language Processing of the Asian Federation of Natural Language Processing, ACL, 2015, 1491-1500.
[178] YOGATAMA D, FARUQUI M, DYER C, et al. Learning word representations with hierarchical sparse coding [C]. Proceedings of the 32nd International Conference on Machine Learning, ICML, 2015: 87-96.
[179] HASAN M, RUNDENSTEINER E, AGU E. 2014. EMOTEX: detecting emotions in Twitter messages [C]. Proceedings of the

ASE BIGDATA/SOCIALCOM/CYBERSECURITY Conference, ASE, 2014: 27-31.

[180] JIRA dataset [EB/OL]. [2019-11-10]. http://ansymore.uantwerpen.be/system/files/uploads/artefacts/alessandro/MSR16/archive3.zip.

[181] Stack Overflow dataset [EB/OL]. [2019-11-10]. https://github.com/collab-uniba/Senti4SD.

[182] Code Review dataset [EB/OL]. [2019-11-10]. https://github.com/senticr/SentiCR/.

[183] Java Library dataset [EB/OL]. [2019-11-10]. https://sentiment-se.github.io/replication.zip.

[184] JIRA-E1 dataset [EB/OL]. [2019-11-10]. http://ansymore.uantwerpen.be/system/files/uploads/artefacts/alessandro/MSR16/archive3.zip.

[185] CALEFATO F, LANUBILE F, NOVIELLI N. EmoTxt: a toolkit for emotion recognition from text [C]. Proceedings of the 7th International Conference on Affective Computing and Intelligent Interaction Workshops and Demos, ACII Workshops, 2017: 79-80.

[186] CALEFATO F, LANUBILE F, NOVIELLI N, et al. EMTk: the emotion mining toolkit [C]. Proceedings of the 4th International Workshop on Emotion Awareness in Software Engineering, SEmotion@ICSE, 2019: 34-37.

[187] SO-E dataset [EB/OL]. [2019-11-10]. https://github.com/collab-uniba/EmotionDatasetMSR18.

[188] ISLAM M R, ZIBRAN M F. DEVA: sensing emotions in the valence arousal space in software engineering text [C]. Proceedings of the 33rd Annual ACM Symposium on Applied Computing, SAC, 2018: 1536-1543.

[189] JIRA-E2 dataset [EB/OL]. [2019-11-10]. https://figshare.com/s/277026f0686f7685b79e.

[190] WARRINER A B, KUPERMAN V, BRYSBAERT M. 2013. Norms of valence, arousal, and dominance for 13, 915 English lemmas [J]. Behavior research methods, 2013, 45 (4): 1191-1207.

[191] MÄNTYLÄ M V, NOVIELLI N, LANUBILE F, et al. Bootstrapping a lexicon for emotional arousal in software engineering [C]. Proceedings of the 14th International Conference on Mining Software Repositories, MSR, 2017: 198-202.

[192] STRAPPARAVA C, VALITUTTI A. WordNet affect: an affective extension of wordnet [C]. Proceedings of the 4th International Conference on Language Resources and Evaluation, LREC, 2004.

[193] DANESCU-NICULESCU-MIZIL C, SUDHOF M, JURAFSKY D, et al. A computational approach to politeness with application to social factors [C]. Proceedings of the 51st Annual Meeting of the Association for Computational Linguistics, ACL, 2013: 250-259.

[194] DE SMEDT T, DAELEMANS W. Pattern for Python [J]. Journal of machine learning research, 2012, 13 (1): 2063-2067.

[195] ISLAM M R, AHMMED M K, ZIBRAN M F. MarValous: machine learning based detection of emotions in the valence-arousal space in software engineering text [C]. Proceedings of the 34th ACM/SIGAPP Symposium on Applied Computing, SAC, 2019: 1786-1793.

[196] MURGIA A, ORTU M, TOURANI P, et al. 2018. An exploratory qualitative and quantitative analysis of emotions in issue report comments of open source systems [J]. Empirical software engineering, 2018, 23 (1): 521-564.

[197] SEBASTIANI F. Machine learning in automated text categorization [J]. ACM computing surveys, 2002, 34 (1): 1-47.

[198] READ J, PFAHRINGER B, HOLMES G, et al. Classifier

chains for multi-label classification [J]. Machine learning, 2011, 85 (3): 333-359.

[199] ISLAM M R, ZIBRAN M F. SentiStrength-SE: exploiting domain specificity for improved sentiment analysis in software engineering text [J]. Journal of systems and software, 2018, 145: 125-146.

[200] BENJAMINI Y, YEKUTIELI D. The control of the false discovery rate in multiple testing under dependency [J]. Annals of statistics, 2001, 29 (4): 1165-1188.

[201] MarValous [EB/OL]. [2019-11-10]. https://figshare.com/s/a3308b7087df910db38f.

[202] uncompyle6 [EB/OL]. [2019-11-10]. https://github.com/rocky/python-uncompyle6/.

攻读博士学位期间的科研成果

作为第一作者发表的论文

[1] **CHEN Z P**, YAO H H, LOU Y L, et al. An empirical study on deployment faults of deep learning based mobile applications [C]. Proceedings of the 43rd International Conference on Software Engineering, ICSE, 2021: 674-685.

[2] **CHEN Z P**, CAO Y B, YAO H H, et al. Emoji-powered sentiment and emotion detection from software developers' communication data [J]. ACM transactions on software engineering and methodology, 2021, 30(2): 1-48.

[3] **CHEN Z P**, CAO Y B, LIU Y Q, et al. A comprehensive study on challenges in deploying deep learning based software [C]. Proceedings of the ACM Joint European Software Engineering Conference and Symposium on the Foundations of Software Engineering, ESEC/FSE, 2020: 750-762.

[4] **CHEN Z P**, SHEN S, HU Z N, et al. Emoji-powered representa-

tion learning for cross-lingual sentiment classification (extended abstract) [C]. Proceedings of the Twenty-Ninth International Joint Conference on Artificial Intelligence, IJCAI, 2020: 4701-4705.

[5] CHEN Z P, CAO Y B, LU X, et al. SEntiMoji: an emoji-powered learning approach for sentiment analysis in software engineering [C]. Proceedings of the ACM Joint European Software Engineering Conference and Symposium on the Foundations of Software Engineering, ESEC/FSE, 2019: 841-852.

[6] CHEN Z P, SHEN S, HU Z N, et al. Emoji-powered representation learning for cross-lingual sentiment classification [C]. Proceedings of the 2019 World Wide Web Conference, WWW, 2019: 251-262.

[7] CHEN Z P, LU X, AI W, et al. Through a gender lens: learning usage patterns of emojis from large-scale Android users [C]. Proceedings of the 2018 World Wide Web Conference, WWW, 2018: 763-772.

[8] 陈震鹏, 陆璇, 李豁然, 等. 多维应用特征融合的用户偏好预测[J]. 计算机科学与探索, 2017, 11(9): 1405-1417.

发表的其他论文

[9] YANG C X, LI Y C, XU M W, et al. TaintStream: fine-grained taint tracking for big data platforms through dynamic code translation [C]. Proceedings of the ACM Joint European Software Engineering Conference and Symposium on the Foundations of Software Engineering, ESEC/FSE, 2021: 806-817.

[10] WEN J F, **CHEN Z P**, LIU Y, et al. An empirical study on challenges of application development in serverless computing [C]. Proceedings of the ACM Joint European Software Engineering Conference and Symposium on the Foundations of Software Engineering, ESEC/FSE, 2021: 416-428.

[11] YANG C X, WANG Q P, XU M W, et al. Characterizing impacts of heterogeneity in federated learning upon large-scale smartphone data [C]. Proceedings of the 2021 World Wide Web Conference, WWW, 2021: 935-946.

[12] LOU Y L, **CHEN Z P**, CAO Y B, et al. Understanding build issue resolution in practice: symptoms and fix patterns [C]. Proceedings of the ACM Joint European Software Engineering Conference and Symposium on the Foundations of Software Engineering, ESEC/FSE, 2020: 617-628.

[13] QIAN C, FENG F L, WEN L J, et al. Solving sequential text classification as board-game playing [C]. Proceedings of the Thirty-Fourth AAAI Conference on Artificial Intelligence, AAAI, 2020: 8640-8648.

[14] 陆璇,**陈震鹏**,刘譞哲,等. 数据驱动的移动应用用户接受度建模与预测[J]. 软件学报,2020,31(11): 3364-3379.

[15] LU X, **CHEN Z P**, LIU X Z, et al. PRADO: predicting app adoption by learning the correlation between developer-controllable properties and user behaviors [C]. Proceedings of the ACM on Interactive, Mobile, Wearable and Ubiquitous Technologies, UbiComp, 2017: 1(3): 1-30.

致　　谢

2012 年一句"你好"，2021 年一句"再见"，九年燕园青春，弹指一瞬。往昔时光虽已走远，但过程中的点点滴滴却铭记于心。回顾这九年，离不开老师、同学、朋友、家人的支持和帮助，在此谨聊表寸心，以示感激。

感谢杨芙清院士。作为中国软件工程领域的开拓者，您为中国软件工程事业的发展做出了巨大贡献。感谢您创建了北京大学软件工程研究所，让我可以在国内一流的研究团队中，与优秀的同侪一起，从事科学研究，领略科研魅力。

感谢我的导师梅宏教授。九年前本科入学时，您作为院长将我带入信息科学技术学院的大门。三年前，有幸作为您的学生开始攻读博士学位，您成为我在科研道路上的引路人。您的悉心培养与指导帮助我快速成长，您一丝不苟、严谨细致的工作作风让我终生受益。感谢您一直以来对我的关心和鼓励，我将终生铭记于心。

感谢我的协助指导老师刘譞哲副教授。从我大二进组到如今博士即将毕业，您在我身上倾注了大量的心血。早期，您手把手带着我前行，细致入微地对我进行指导，为我的科研之路保驾护航。后来，您鼓励我做自己想做的研究，培养我独立科研的能力。在今后的学术道路上，我将继续以您为榜样，砥砺前行。

感谢黄罡教授。作为实验室的掌舵人，您带领着我们在学术海洋中乘风破浪。每次和您讨论，都会被您的深刻见解所折服，您看待问题的深度与广度让我敬佩。每当迷茫时，找您聊天，您总是能高瞻远瞩地为我指点迷津，带我走出困境。感谢您一直以来的信任与帮助，未来我也将带着您的期许，继续努力。

感谢密歇根大学的梅俏竹教授、北京大学的谢涛教授和北京邮电大学的王浩宇副教授。和你们合作，得你们指导，我感到无比幸运，你们的无私帮助使我的科研之路更加顺畅。

感谢谢冰教授、胡振江教授、陈向群教授、周明辉教授、张颖研究员、熊英飞副教授、赵海燕副教授、陈鸿婕副教授、孙艳春副教授、邹艳珍副教授等软件工程研究所的各位老师。感谢你们在我博士期间给予我的帮助和指导，让我不断进步。

感谢马郓、陆璇、柳熠、李豁然、徐梦炜、艾苇、余美华、蔡华谦、张舒汇、姜佳君、王博、张洁、朱家鑫、陈俊洁等师兄师姐，感谢沈晟、曹雁彬、姚惠涵、胡子牛、刘渊强、谷典典、吴恺东、罗超然、张溯、田得雨、杨程旭、韩佳良、郑舒宇、赵宇昕、王启鹏、温金凤、刘恺博、林福气等实验室的同学们和师弟师妹们，感谢娄一翎、王潮、梁晶晶、武健宇、高恺、周建祎、曾有为、刘兆鹏、谭鑫、孙泽宇、王冠成、陈潇漪、任路遥、何昊等软件工程研究所的朋友们，感谢施顶立、何娴、梁锦涛等燕园结识的朋友们。感谢你们在我的生活、学习、科研等方面对我的支持和帮助，愿你们一切顺利，愿我们友谊长存。

感谢熊校良老师、杨森老师、牟晓晨老师、贺凌老师、李子奇老师、吴扬老师等学院的师长们，感谢你们对我的信任，将学院的许多学生工作交由我负责，锻炼了我的组织管理能力。同时，感谢你们一直以来对我工作的支持。感谢2016级本科计算机4班的全体同学，有幸担任你们的辅导员，与你们一起成长四年，我感到无比幸福。感谢研究生计算机软件1班的全体同学，感谢你们五年来对我工作的支持，希望我们这个班集体在新任班长的带领下更上一层楼。

感谢我的爷爷、奶奶、爸爸、妈妈，感谢你们对我无微不至的关爱，并且一直以来做我最坚强的后盾，伴我前行。

丛书跋

2006年，中国计算机学会设立了CCF优秀博士学位论文奖（简称CCF优博奖），授予在计算机科学与技术及其相关领域的基础理论或应用研究方面有重要突破，或者在关键技术和应用技术方面有重要创新的我国计算机领域博士学位论文的作者。微软亚洲研究院自CCF优博奖创立之初就大力支持此项活动，至今已有十余年。双方始终保持着良好的合作关系，共同增强CCF优博奖的影响力。自设立开始，CCF优博奖激励了一批又一批优秀的年轻学者，帮他们赢得了同行认可，也为他们提供了发展支持。

为了更好地展示我国计算机学科博士生教育取得的成效，推广博士生科研成果，加强高端学术交流，CCF委托机械工业出版社以"CCF优博丛书"的形式，全文出版荣获CCF优博奖的博士学位论文。微软亚洲研究院再一次给予了大力支持，在此我谨代表CCF对微软亚洲研究院表示由衷的感谢。希望在双方的共同努力下，"CCF优博丛书"可以激励更多的年轻学者做出优秀的研究成果，推动我国计算机领域的科技进步。

唐卫清
中国计算机学会秘书长
2022 年 9 月